楸树
丰产栽培技术

张鹏远 董玉峰 马玲 主编

山东科学技术出版社
·济南·

图书在版编目（CIP）数据

楸树丰产栽培技术 / 张鹏远，董玉峰，马玲主编. -- 济南：山东科学技术出版社，2021.4（2023.6重印）

ISBN 978-7-5723-0306-7

Ⅰ.①楸… Ⅱ.①张… ②董… ③马… Ⅲ.①楸树－栽培技术 Ⅳ.① S792.99

中国版本图书馆 CIP 数据核字（2020）第 177253 号

楸树丰产栽培技术
QIUSHU FENGCHAN ZAIPEI JISHU

责任编辑：于　军
装帧设计：侯　宇

主管单位：山东出版传媒股份有限公司
出 版 者：山东科学技术出版社
　　　　　地址：济南市市中区舜耕路 517 号
　　　　　邮编：250003　电话：（0531）82098088
　　　　　网址：www.lkj.com.cn
　　　　　电子邮件：sdkj@sdcbcm.com
发 行 者：山东科学技术出版社
　　　　　地址：济南市市中区舜耕路 517 号
　　　　　邮编：250003　电话：（0531）82098067
印 刷 者：潍坊云印网联文化科技有限公司
　　　　　地址：青州市昭德北路 638 号
　　　　　邮编：262500　电话：（0536）3539196

规格：大 32 开（140 mm×203 mm）
印张：6.25
版次：2021 年 4 月第 1 版　　印次：2023 年 6 月第 2 次印刷
定价：30.00 元

编著人员

总顾问 姜岳忠

主 编 张鹏远　董玉峰　马　玲

副主编 周继磊　秦永建　高京华　张兴泽
　　　　王仁滋　刘　丹

编 委（按姓氏笔画排列）

于晓明　孔令刚　王　伟　王　媛　王明竹
付茵茵　卢　洁　仲伟国　刘　红　刘华波
刘丙花　吕洪岩　孙　浩　孙胜卓　庄若楠
朱文成　亓松华　宋　辉　张　靖　张刘东
李　兴　李　辉　李善文　杨　东　杨国良
孟晓烨　柏斌斌　秦乃花　郭建曜　高兴云
梁　燕　盛　升　舒秀阁　董章凯　韩友吉
韩冠苒　窦　霄

目 录

第一章 概述 ············ 1
一、楸树资源 ············ 1
二、楸树栽培现状 ············ 4
三、楸树用途 ············ 9

第二章 楸树分类和主要品种 ············ 12
一、楸树的分类 ············ 12
二、楸树优良品种选择程序 ············ 30
三、楸树良种选育程序 ············ 36
四、山东主要栽培品种 ············ 46

第三章 楸树的生物学特性 ············ 51
一、形态特征 ············ 51
二、生态学特征 ············ 55
三、楸树的生长特性 ············ 59
四、楸树物候学特征 ············ 61

第四章 楸树苗木培育 ············ 65
一、播种育苗 ············ 66

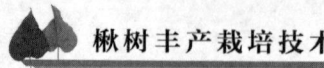

二、埋根育苗 ································ 78
三、嫁接育苗 ································ 82
四、扦插育苗 ································ 94
五、组培育苗 ································ 102
六、移植苗管理 ······························ 109

第五章 楸树丰产栽培 ························ 115
一、整地技术 ································ 115
二、栽培密度 ································ 119
三、栽培模式 ································ 122
四、水肥管理 ································ 133
五、树体管理 ································ 142

第六章 楸树病虫害防控 ······················ 147
一、病害防控 ································ 147
二、虫害防控 ································ 152

附录一 国家明令禁止使用、限制使用农药名单 ······ 170
附录二 林业检疫性有害生物名单 ·················· 175
附录三 植物检疫条例 ···························· 177
附录四 植物检疫条例实施细则（林业部分）········ 183
参考文献 ······································ 191

第一章

概 述

一、楸树资源

楸树是紫葳科(Bignoniaceae)梓树属(Catalpa)植物,在世界范围内约有13个种,主要分布于美洲和东亚。在我国,楸树主要分布于北纬22°至北纬342°,东经88°至东经123°,东起东海海滨,西至甘肃,南始云南,北到山海关长城等广大区域内都有分布,地跨温带草原区、暖温带落叶阔叶林区和亚热带常绿阔叶林区三个植被区。目前,楸树天然野生资源少,绝大部分是零散分布的人工林,并且不同类型楸树在各地区分布的数量和范围亦不同。黄河中下游省区楸树分布的数量和种类要较其他省区多,尤其是河南的低山丘陵和山东省的胶东丘陵地带是我国楸树的分布中心。

近年来,河南、湖北、安徽、江苏等省区的楸树造林面积不断增加,河南的楸树苗木年生产量达到上百万株,江苏、安徽、河北和山东等地楸树苗木的年生产量也达几十万株,但楸树大面积人工林却并不多见,种质资源仍处于濒危状态。实地调查和资料考证结果表明,楸树人工林主要分布在河北太行山、山东烟台和潍坊、江苏连云港云台山、湖北荆门、河南栾川和洛宁、云南丽江等地。

楸树是长寿树种,树龄可达千年以上,目前全国许多地方还保留有百年以上的古楸树。2005年至2010年南京林业大学彭方仁教授对我国楸树主要产区和分布区的楸树种质资源进行了全面调查和收集。初步统计,我国现有树龄千年以上的楸树10余株,百年以上的楸树100余株。现保存的楸树古树多在宗教寺庙和一些古建筑中,另有一些古树长在极其偏僻、交通不便的山村里,多数古楸树生长在山区。华北地区的古楸树多位于华东和中原地区,呈现出集中分布的特点,分布较多的地区有河北井陉、山西太谷和北京等地。另据报道记载,昆明市黑龙潭公园、河北省香河县渠口镇戴家阁村、甘肃省天水市秦城区、河南省西峡县田关乡王营村、北京颐和园和八大处公园等地仍有千年或百年以上古楸树。

表1-1 南京林业大学收集的楸树古树单株

序号	分布地点	树龄/年	树高/m	围径/cm
1	安徽临泉吕寨镇陈小寨	600	21.0	588
2	安徽徐楼大裴村	200	20.0	268
3	安徽徐楼大裴村	100	17.0	167

(续表)

序号	分布地点	树龄/年	树高/m	围径/cm
4	安徽滁州红泥庵	100	26.0	180
5	河南南阳武侯祠大殿前	1 200	16.0	167
6	河南南阳武侯祠大门前	1 200	11.0	245
7	河南南阳邓州惠润庙	300	12.0	283
8	湖北襄阳市清真寺内	400	29.0	396
9	江苏南京中山陵四方城	200	28.0	264
10	江苏南京明孝陵	100	14.0	185
11	江苏连云港墟沟高公岛	100	18.0	215
12	江苏南通中学	300	15.0	370
13	江苏无锡大浮	160	15.0	200
14	江苏南京老山林场	100	20.0	212
15	江苏南京老山独峰寺	150	15.0	350
16	山东曲阜孔庙	150	17.0	210
17	山东威海于家夼	100	15.0	190
18	山东青州范公亭	1 000	19.0	640
19	山东青州范公亭	1 000	19.5	540
20	山东沂源大桥乡	100	21.0	250
21	山东泰山吴道人庵	100	17.0	182
22	山东青岛崂山太清宫	130	27.0	255
23	山东莱芜棋河	200		
24	山东栖霞牙山森林公园	100	18.5	175
25	河北井陉核桃园	1 000	14.0	800
26	河北井陉张家村	1 000	18.0	750

(续表)

序号	分布地点	树龄/年	树高/m	围径/cm
27	河北井陉张家村	1 000	17.0	410
28	河北井陉庄子头村	500	13.0	350
29	河北鹿泉荷连峪村	200	15.0	270
30	河北平山回舍镇	500	10.5	350
31	河北阜平西下关村	500	19.0	376
32	河北阜平西下关村	500	17.0	465
33	北京门头沟南港村	150	12.0	275
34	北京门头沟南港村	150	10.0	180
35	北京石景山慈善寺	400	14.5	205
36	北京故宫御花园	300	10.0	
37	北京故宫古华轩	300	9.0	
38	北京白纸坊小学	100	10.0	175
39	山西榆次长凝镇北头村	1 000	22.0	700
40	山西太谷圆智寺	300	17.0	240
41	山西榆社北寨乡青峪村	200	21.0	325
42	山西祁县马家堡	200	14.0	300

注：山东莱芜棋河古楸树已被砍伐，只有根蘖苗；故宫古楸树树体开裂严重，只余下少部分茎干，故未对围径进行测量。

二、楸树栽培现状

（一）楸树栽培现状

为了发掘楸树资源，恢复楸树生产，提高楸树科研、教学、生产水平，自 20 世纪 80 年代初，国家有关部门和河南省林业厅就把楸树研究列为"六五""七五"期间重大科技攻关项目,组织全国林业科技人员开展联合科技攻关研究。经过30多年广大林业科技人员的辛勤努力,取得丰硕成果。

1. 开展了全国楸树种质资源调查研究,基本查清了我国楸树的种质资源、种间变异、生长表现和分布状况

从有利于在生产应用中识别推广、分类栽培的目的出发,把楸树划分为21个自然类型,并根据它们各自的表现特征和用途划分为丰产栽培、农田防护、园林观赏三组栽培类型,以充分发挥楸树种质资源的用材、防护、观赏、环保等功能。

2. 培育出一批优良品种,使楸树由慢生树种跨入速生树种行列

河南是最早开展楸树研究的省份之一。1983年,河南省在编制"六五"计划时就把"楸树种质基因资源收集、保存和利用"列为全省重点林业科技攻关项目。"七五"期间国家科学技术部、林业部进一步把"楸树良种选育研究"列为全国重点林业科技攻关计划,组织河南、山东、河北、江苏、安徽等全国林业科研院所的科技人员开展科技联合攻关。科技攻关期间"楸树种质资源研究"和"楸树基因资源收集、保存和利用"分别荣获河南省科技进步奖和国家科技成果奖。在此基础上选育出第一代楸树良种:金丝楸、长果楸、心叶楸等优良自然类型。此后,经过科技人员的

艰辛努力，又选育出第二代楸树良种：豫楸1号、豫楸2号、洛宁金丝楸等优良无性系品种，并于2002年通过河南省林木良种审定委员会审定。近几年，楸树育种研究取得突破性进展，重要成果就是利用前期选育的优良自然类型和优良无性系进行人工授粉杂交育种，培育出超亲本杂种优势后代系列新品种，称之为第三代楸树良种。如周口市楸树研究所、洛阳农林科学院相继推出的楸杂1号、楸杂2号、洛楸1号至洛楸5号。楸树杂种系列品种具有如下突出优点：

（1）速生：经造林试验，胸径年生长量均达到3～4 cm，使楸树轮伐期缩短15～20年。

（2）美观：苗干翠绿；大树树皮光滑，不开裂；侧枝分枝角度开张，冠幅大，冠形优美，树形特征更加符合绿化要求。

3. 通过创新，发明了梓砧嫁接快繁楸树良种新技术

该技术利用梓树结实量大、繁殖容易、根系发达、适应性强等特点，先培育出梓树实生苗作砧木，再把不易结实且良种资源匮乏的楸树作接穗，通过嫁接的方法快速培育出楸树良种壮苗。嫁接的楸树良种苗木，当年苗高可达3.5～4.0 cm，地径可达3.5～4.2 cm，最大地径达6 cm以上。当年育苗，当年即可出圃造林。与一般楸树育苗方法相比，苗木生长量提高一倍以上，合格苗产量提高50%以上。实践证明，该技术操作简便，容易掌握，便于推广，是目前快速繁育楸树良种的主要途径。

4.楸树组培苗应运而生

2015年,周口市楸树研究所与上海杉一植物科技有限公司合作的楸树组织培养育苗项目上线,投放市场1 000万株组培苗木。楸树组培苗与目前流行的嫁接苗相比,具有以下五大优势:

(1)繁殖速度快:上海杉一植物科技有限公司拥有现代化的工厂化育苗生产线,可年产2 000万株组培苗,最大限度地满足全国育苗市场需求。

(2)不受季节限制,栽植成活率高:组培苗经炼苗后带钵箱载运输销售,可在全年任意季节栽植,并有完善的售后服务全程跟踪技术指导,苗木成活率可达到95%以上。

(3)前期生长速度快:组培苗在生产过程中经脱毒处理,把苗木在生长发育过程中体内积累的阻碍生长及诱发病虫害的毒素有效清除,使其更有利于发挥速生性能。在相同管理条件下,生长速度比嫁接苗提高15%~20%。

(4)不易发生病虫害:脱毒后的组培苗生长健壮,对大部分食叶、蛀干害虫和根部病虫均有较强的抗性。

(5)苗相好,整齐美观,商品价值高。

5.全国相继开展楸树全方位研究

目前,全国有不少农林院校、科研院所相继开展了楸树相关领域的研究,如南京林业大学开展的楸树耐干旱山地造林试验研究,饲料应用中楸树生物量测定研究,河北农业大学开展的楸树不同地理种源抗逆性研究,浙江大学开展的楸树创新药物研究,山东省林业科学研究院开展的引种楸树品种测定研究,烟台市林业科学研究所开展的建立楸树种质基因库研究等。

以上卓有成效的研究,解决了遏制楸树发展的缺乏良种、生产周期长、繁殖困难、苗木紧缺等关键,从而为大面积推广楸树提供了强有力的技术支撑。

(二)楸树栽培及生产中存在的问题

1. 资源日趋减少,优良新品种仍匮乏

楸树具有诸多其他树种所没有的优良特性,长期以来采伐利用多,栽培发展较少,又缺乏应有的重视和系统研究,致使其自然分布面积不断减少,种质资源急剧下降。同时,由于楸树资源大量毁灭,木材市场上楸树奇缺,材种比例失调,价格昂贵。从长远来看,这会造成树种、林种结构不合理,危及自然生态平衡。因此,为使楸树资源持续利用,应迅速恢复楸树生产,培育新品种。我国著名的树木育种学家叶培忠先生早在20世纪70年代就开展了楸树杂交育种试验,并获得了楸树的种间杂种,培育了楸树第一代杂交实生苗。开展楸树杂交育种工作,培育更多的优良品种,丰富这一珍贵树种资源,仍是当前十分重要的任务。

2. 快繁技术有待提高

楸树在自然条件下很少结实或不结实,主要是因为单株或数株丛生的楸树来源于同一无性系,自花不亲和,导致只开花不结果。有关自花不孕的机理目前尚未进行系统研究。另外,由于扦插生根困难,目前的优良品种主要依靠嫁接扩繁。嫁接育苗需要培育砧木,育苗周期延长,同时嫁接苗容易出现嫁接不亲和性,影响苗木后期生长。因此,繁殖技术成为限制楸树推广的技术瓶颈。

3.管理模式简单,栽培技术落后

楸树具有很好的成林性,管理简单,适合不同规模的集约经营和丰产栽培,与刺槐、泡桐、毛白杨、黑杨、紫穗槐、竹子等多树种混交,可以促进混交树种生长,因而可作为水土保护林、防护林、楸农间作的优良树种来开发,形成不同的经营模式。河南省林业科学研究院经过6年试验,筛选出集约管理模式、特殊管理模式、间作管理模式三种最佳丰产管理模式。不同模式的生物生产力、资源利用效率、栽培技术体系等还有待进一步探索。

三、楸树用途

楸树树姿雄伟,高大挺拔,枝繁叶茂,花期5月,花冠若钟,非常漂亮,自古以来就种植于皇家庭院、古刹寺庙和风景名胜等地,是广受人们喜爱的重要的园林绿化和观赏树种,同时还是优良的药用和用材树种,具有很高的生态效益和经济价值,因此楸树被称为"木王"是实至名归。

(一)生态价值

1.作为城市绿化、净化树种

楸树树体高大,树叶浓密,叶背密生细毛,仿佛悬挂的绿色壁毯,具有较强的隔音、降尘、挡风、吸毒能力。楸树树形犹如华盖,可以遮挡炙热的阳光,给在酷暑中的人们带来绿色清凉。有资料研究表明,楸树林具有冬暖夏凉的特性,即夏天楸树林温度比空地温度低 8~12℃,冬天温度反而高出 2~4℃。楸树作为城市绿化树种,可以降低噪音、阻滞尘土,给居民营造一个安静舒适的生活环境。在二氧化硫、氯气严重污染的工厂区,楸树也可以生长良好。

2. 作为生态防护树种

楸树属于深根性树种,主根不发达,但是侧根丛生,形成庞大的根系,并扎入土壤深处,因此楸树具有强大的水土保持和抗风能力。研究表明,五年生的楸树主根深达 90 cm,根幅远大于旱柳、刺槐、桑树等常见树种。楸树耐水湿,耐涝天数可达 20 天而生长良好。因此,将其种植于江河湖泊的堤岸、沟渠以及梯田地埂上,不仅能强堤固岸,减少水土流失,而且可以促进土壤养分良性循环,改善土壤质量。

3. 作为农林间作树种

楸树的根能扎入土壤深处,与农作物的浅根系正好分层分布,同时楸树发叶晚,树高冠窄,既减小了两者水肥竞争的压力,又减少了遮阴,因此楸树是广大农区农田林网和农林间作的良好树种。楸树是高大的乔木,防风固土能力强,与农作物间作,可以改善农田区域的生态环境,促进农田高产、稳产,具有显著的生态、社会和经济效益。农楸间作是提高山区土地利用率、增加土地产出的较佳间作模式,宜在山区、丘陵区推广。楸树不仅散生生长好,而且成林性也好,可与刺槐、泡桐、毛白杨、黑杨、紫穗槐、竹子等多种树种混交,促进混交树种生长。在城市绿化中,可将楸树作为上层林木,营造混交林,克服城市绿化树种单一、结构简单、人工痕迹明显的弊端,提升绿化的品位。

(二)药用价值

楸树是综合利用价值较高的树种,传统中医中,楸树皮是一种历史悠久的外用药。唐代《本草拾遗》中记载:"楸木皮,味苦,小寒,无毒。主吐逆,杀三虫及皮肤虫。煎膏,粘傅恶疮,疽瘘痛肿,痔、野鸡病,除脓血,生肌肤,长筋骨。叶捣傅疮肿,亦煮汤洗脓血,冬取干叶,汤揉用之"。在《本草纲目》中亦有关于楸树树皮和叶药用功能的记载,其皮和叶可杀皮肤虫,治瘵病、瘘疮,除脓血,生肌肤,长筋骨。

(三)经济价值

楸树木材纹理通直美观,软硬适中,质地坚韧,弹性好,木质结构紧密,干缩系数小,干后不翘不裂。楸木物理性能好,顺纹抗压强度、抗弯强度和抗冲击韧性均居阔叶树前列,属于阔叶树中的高级软树种。由于在生长过程中生成许多具有化学防腐作用、强化木材性能的浸填物质填充到木质部,楸树化学性能稳定,耐腐蚀,不易遭虫蛀,耐水湿。加上楸树木材易加工、易雕刻、切面光滑、有光泽、导音性能好,楸木可应用于高级家具、器具和特殊用材,如军工、造船、胶合板、车辆、乐器及贵重器械等。北魏贾思勰所著的《齐民要术》中记载:"车板、盘合、乐器,所在任用,以为棺木,胜于松、柏"。古代印刷刻版只用楸梓,至今出版书籍仍叫作"付梓"。

第二章

楸树分类和主要品种

一、楸树的分类

我国具有丰富的楸树种质资源,其基因类型较复杂。在漫长的系统发育过程中,由于遗传变异、自然杂交和人工选择等作用,形成了在形态特征、材质特性、生长速度、生态适应性和分布范围方面具有显著差异的不同类型。南京林业大学姚庆渭等曾在20世纪70年代对东亚和北美产的楸树属7个种进行了研究,并建议将全属分为梓树组、楸树组和大梓树组三个组,江苏现有6个种和1个变型:楸树、灰楸、滇楸、梓树、黄金树、紫葳楸和北美杂种楸。安徽省林业科学研究院曾对其境内的楸树资源进行了调查,发现安徽境内的楸树共有7个自然类型:长果楸、圆基长果楸、金丝楸、楸树、梓楸、三裂楸和密枝楸。1983~1985年,河南省楸树研究协作组在全国范围内对楸树种质资源开展了调查、收集和整理工作,根据大量标本和资料,依据形态变异对楸树组进行分析整理,将中国的楸树种以下划分为 11 个类型。潘庆凯等根据楸树的枝、叶、花和种实的形态外观差异,将楸树属植物分为 21 个种和类型,包括灰楸、细皮灰楸、密毛灰楸、窄叶灰楸、白花灰楸、紫脉灰楸、线灰楸、滇楸、长叶楸、南阳楸、楸树、金丝楸、长果楸、心叶楸、槐皮楸、密枝楸、三裂楸、梓楸、圆基长果楸、河南楸和光叶楸。这是迄今为止中国在楸树资源调查及分类方面最为系统的研究。但这种分类存在明显的局限性。一是种和类型的分类标准不确定。枝、干、叶、果的形态外观受环境影响较大,密毛、窄叶、紫脉、长叶、长果、心叶、密枝、三裂叶、槐皮等不是某一类型的唯一特征,如许多类型的楸树叶脉均为紫色,灰楸小叶和嫩枝多生密毛,长果、心叶、三裂叶、密枝等现象也较为普遍。石欣的研究表明,三裂楸的叶裂特征在引种驯化的过程中在逐步消失,以形态特征作为分类的依据与标准具有不确定性。二是属、种、类型混杂,不易区分,如梓楸实是梓树,不是楸树组的植物。三是将产地作为分类的依据并不合理。河南楸、南阳楸可能是楸树不同地理区域的生态型,而不是类型。

1. 楸树

落叶乔木,高达 30 m;树冠长卵形,树干通直,树皮灰褐色或灰黑色,浅纵裂;小枝灰绿色,无毛。幼叶具单毛,后脱落;叶对生或三叶轮生,单叶,长卵状椭圆形或三角状卵形,先端渐尖,基部圆形、楔形或平截;全缘或有裂齿,表面深绿色,无光泽,背面浅绿色,基脉三出,基部脉腋间具有灰褐色腺斑;叶柄浅绿色,长 2~10 cm。总状花序,顶生,长 5~10 cm,由 3~12 朵小花组成;花两性,红色,内有红色斑点或条纹。蒴果长 25~42 cm,果皮灰褐色,略有光泽;种子多数,矩圆形,扁平,两端具灰白色长毛,种子连毛长 3.5~5.0 cm。花期 4~5 月。果熟期 9~10 月。

主要分布于黄河流域,北京、河南、山东、江苏、安徽等省、市栽培较多。常见于土层深厚、土壤肥沃、排水良好的山腰、山脚、村宅四旁及名园胜景,为名贵园林绿化和观赏树种。

2. 金丝楸

金楸(山东)、楸树(江苏)、黄楸(河南)。

落叶乔木,高 20 余 m;树冠狭长,圆锥形,枝条短而粗壮,开张角度小,极性强;幼龄树皮孔较明显,灰白色,多 2~3 个横连;中龄树或大树上部树皮呈方块状或长块状翘裂;老龄树树皮暗灰色,呈不规则状浅纵裂,有横断裂。全体光滑无毛,一年生枝红褐色,二年生枝灰褐色,三年生枝紫褐色。短枝上的叶三角状心脏形,全缘或具有浅裂,表面绿色,背面淡绿色;叶长 8~20 cm,宽 6~15 cm,叶基部圆形或心形,先端渐尖,有长尖,背面脉腋间有一对紫红色的腺斑;长枝上的叶常三裂,边缘向上翘起,呈匙形;幼嫩叶片黄褐色,略透明。顶生总状花序,长 7~15 cm,多由 9 朵小花组成;苞片线形,早脱落;花梗长 1.3~3.0 cm,绿褐色;花萼暗紫色,多为二裂,有光泽,花筒内侧暗紫色,有不规则的条纹和斑点;花冠白色,花长 4.0～4.5 cm,花冠幅度 4.4～4.5 cm,喉部直径 1.9～2.0 cm,五瓣二唇裂,上唇瓣较小,下唇瓣较大,下唇瓣中瓣长 2.2 cm,花瓣皱缩,沿瓣缘有一条淡红色细条纹,花管灰白色,有紫红色的斑点,喉部至花管基部有两条鲜黄色的条带,腹面白色,内侧管壁上有粗而间断的紫红色线条和大而稀疏的紫红色斑点;雌蕊长 2.1～2.4 cm,子房淡绿色,柱头舌状,二裂,不等长,靠壁管一侧的较短,另一侧较长,且向外卷曲,淡红色;雄蕊 5 枚,发育的雄蕊 2 枚,长 1.5～1.8 cm,花丝白色,基部有紫红色的小斑点,花药白色。蒴果绿色,成熟时暗灰褐色,长 30～40 cm,粗 2.5～3.0 mm;种子暗褐色,肾形,两端略尖,具白毛。木材刨光后,纹理如金丝,由此得名金丝楸。

主要分布于山东、河南、江苏、安徽等省,沂蒙山区、胶东半岛、苏北及豫西分布较集中。喜生于土层深厚、疏松、透气性较好的土壤中,在山东土壤瘠薄的页岩山地亦能生长成大树。干形好,生长速度快,是当前推广的主要类型。

3.槐皮楸

黑楸(河南)。

落叶乔木,高 20 余 m;树冠长卵形;树皮暗灰色,深纵裂。一年生枝灰绿色,二年生枝灰褐色。短枝上的叶三角状卵形,长 4～13 cm,宽 2.5～11.0 cm;先端渐尖,基部平截或近楔形,叶缘常有 2～5 个突出的裂齿,表面绿色,背面粉绿色,基部脉腋间有2个灰褐色的腺囊;叶柄淡绿色,长2~9 cm,幼时略带红晕;长枝叶广卵形,三裂,中裂片较大,两侧裂片较小。伞房花序,长5~7 cm,五瓣二唇裂,唇瓣长1.3~1.5 cm,下唇瓣中裂片较长,略向前挺伸,两侧瓣向外卷;花筒外部密布紫红色小点,腹部内侧有10~15条粗细不等的粉红色线条和两条橘黄色带;雌蕊长2.1~2.3 cm,子房圆柱形,淡黄绿色,花柱扁圆形,白色,微带红晕,柱头舌状,二裂,淡红色;雄蕊5枚,发育2枚,退化3枚,长1.9~2.0 cm,花丝白色,长1.4~1.7 cm;花药长0.6 cm。花期4月下旬。果熟期9~10月。

主要分布于河南西部黄土丘陵及浅山区的村宅四旁。主干不明显,树冠较大,生长中庸,是近年研究发掘的新类型。因树皮纵裂较深,木材灰黄色,与槐树相近,故称槐皮楸。

4. 密枝楸

落叶乔木,高15 m;树冠广圆锥形;侧枝斜生,密集;树皮灰色,浅裂片呈细长条状。一年生枝黄褐色,二年生枝黄灰色。短枝叶卵圆形,长5~12 cm,宽4~10 cm,先端圆形、有突尖,基部楔形,基脉三出,全缘,叶质薄,表面绿色,背面浅绿色,两面光滑无毛,基部脉腋间有两个淡紫色的腺囊,叶柄长5~9 cm,黄绿色;长枝叶卵形,常有5~7个浅裂齿。总状花序,多由3~7朵花组成,长5~8 cm;花冠粉白色,五瓣二唇裂,长2.3~2.5 cm。冠管背部密布紫红色斑点,腹部白色,微有红晕,内侧有间断的 10～15 条紫红色条纹和斑点,喉部至基部有两条鲜黄色的条带;雌蕊长 2.1～2.4 cm,花柱淡黄白色,柱头舌状,二裂,等长,略带红晕;雄蕊 5 枚,发育雄蕊 2 枚,半发育雄蕊 1～2 枚,退化 2～1 枚;花药元宝状,黄白色。蒴果长条形,长 29～40 cm,粗 0.3～0.4 cm,淡黄褐色,被灰白色斑点;种子条形,黄褐色,长 1.1～1.3 cm,带毛长 4.5～5 cm。花期 4 月下旬。果熟期 9～10 月。

主要分布于河南西部。树枝密,冠小,生长速度较慢,是适宜间作的一个类型。

5. 光叶楸

白楸(河南)。

落叶乔木,高 20 m;树冠长卵形,侧枝细而开展;树皮暗灰色,深纵裂,裂片呈长片状。一年生小枝黄褐色、光滑无毛,二年生枝灰褐色,三年生枝暗褐色。短枝叶长卵形,长 7～16 cm,宽 6～12 cm,先端渐尖,鲜叶时常扭曲,基部圆形或截形,边缘全缘或具裂齿,并具明显的波状皱褶,表面暗绿色,有明显的金属光泽,背面粉绿色,基部第一对脉腋间具两个灰褐色腺囊,叶柄淡绿色,长 4～10 cm;长枝叶长卵形,长 12～19 cm,宽 8～14 cm,三至五裂,中裂片三角形,长为叶片的二分之一以上。总状花序,长 5～7 cm,由 3～9 朵小花组成;花梗绿色,长 2.0～2.5 cm;萼片卵形,绿褐色,长 1.3～1.5 cm;苞片黄绿色,线形,长 0.7～1.2 cm;

花初放时淡黄色,花长 4.0～4.5 cm,花幅 3.7～4.2 cm;二唇形五瓣裂,长 1.5～1.8 cm,被有淡紫色小点;喉部无黄色条带或斑点,花筒三分之一处有 4～5 条间断而较粗的紫红色条纹,从瓣裂处至花基部有 3～5 条紫红色的线条或斑点,基部最多;雌蕊长 1.7～2.4 cm,子房柱状,淡黄色,柱头舌状,二裂,不等长,长者先端钝形,有突尖,短者先端呈槽状,二裂;雄蕊 5 枚,发育雄蕊 2 枚,长 1.3～1.5 cm,花丝白色,花药淡黄色,微被紫色斑点。蒴果棒状,成熟时棕褐色,具油脂光泽,长 35～42 cm,粗 0.35～0.45 cm,中轴胎座,隔膜淡黄色,略呈方形;种子呈扇条形,长 1.3～1.5 cm,黄褐色,宽 0.28～0.31 cm,两端具白色柔毛,毛长 3.8～4.2 cm,千粒重 7.8 g。花期 4 月下旬。果熟期 9～10 月。

分布于河南西部的浅山区,较耐干旱、瘠薄,平原区引种生长良好。

6.长叶楸

楸树(湖北)。

小枝灰褐色,无毛。叶长卵状三角形或披针形,全缘,长 9～13 cm,宽 5～8 cm,叶长为宽的 2 倍以上,先端长尖或渐尖,基部圆形或截形,表面深绿色,背面淡绿色,无毛。总状花序,由 6～12 朵小花组成,花冠紫红色;序梗、花梗、花蕾绿褐色,无毛。花期 4 月底至 5 月初,果熟期不详。

主要分布于河南西南部海拔 800 m 以下的浅山区和湖

北西北部的村宅四旁,主干明显,树冠较大,极性差,生长速度慢,年平均胸径生长量为 0.6~0.8 cm。

7.三裂楸

楸树(太行山区)、灰楸(山东)、鸡爪楸(河南)。

落叶乔木,高 20 余 m;树冠长卵形;树皮暗灰色,碎片状浅纵裂。一年生枝条黄色,二年生枝灰色。叶三角状卵形或广卵形,长 7~12 cm,宽 5~10 cm,先端渐尖,基部平截或略呈圆形,叶片常三裂,两面光滑无毛。总状花序,花冠淡红色,较鲜艳,下唇瓣中裂片较长、斜伸,两侧瓣向外翻卷。蒴果长 40~50 cm,黄褐色。花期 5 月,果熟期 9 月。种子千粒重 5.1 g。

主要分布于河北、北京、河南、山东等省市。生长速度慢,木材黄灰色,有暗褐色斑点。花紫红色,较鲜艳,具有较好的观赏价值。

8.长果楸

白楸(河南)、楸树(山西)。

落叶乔木,高 20 余 m;树冠卵形,树皮暗灰色,薄片状翘裂。一年生枝条黄灰色,二年生枝条黄褐色,三年生枝条浅灰色。叶卵状梭形,长 8~17 cm,宽 4~9 cm,先端渐尖成尾尖,基部楔形,叶片表面绿色,背面粉绿色,全缘;基脉三出,背面脉腋处具有两个紫色腺斑,叶柄长 6~11 cm。房状花序,由 6~12 朵小花组成,花枝红色,花形较大,花冠幅度 4.5~5.5 cm,花瓣边缘重叠,呈波状皱褶;花筒外背部白色,被有紫红色腺点,腹部内侧管壁上有 18～20 条紫红色条纹;雌蕊长 2.7～2.9 cm,子房圆柱形,淡绿色,柱头舌状,二裂,淡红色。蒴果长 80～120 cm,粗 0.45～0.5 cm。

主要分布于黄河中下游、陕西中部、山西南部、河南西部及南部、安徽和江苏北部常见,山西南部、河南西部海拔 800 m 以下的黄土丘陵和浅山区分布最多。

9. 圆基长果楸

泡楸(河南南阳)。

本种地理分布、树形、树皮及花果、木材色泽均与长果楸极相似,其主要区别是叶基部为圆形或广楔形,叶片较大,常下垂而不扭曲。生长速度较快,一般条件下胸径年平均生长量为 1.2～1.5 cm,在条件适宜的地方可达 2 cm 以上,为楸树的优良类型,是目前主要推广和发展的类型之一。

10. 心叶楸

落叶乔木,高达 17 m,干形较直;树皮暗灰色,长薄片状翘裂,皮孔纺锤形,幼树树皮灰白色;树冠长圆形或倒卵形,大枝疏生,分枝角度大,下部侧枝略下垂,似成层分布。一年生小枝黄绿色,二年生小枝黄褐色。叶对生或三叶轮生,三角状心形,全缘,幼树叶具浅裂,三出脉较明显,先端渐尖,基部心形,叶长 8～17 cm,宽 9～14 cm,叶柄长 5～9 cm,叶表面深绿色,背面绿色;叶面及叶背叶脉偶有稀疏的短绒毛或绒毛,后脱落;叶背基部脉腋处有两个紫色腺斑。

总状花序,顶生,常有 6~10 朵钟形花,花长 2.5~3.5 cm,花瓣粉红色,五瓣二唇裂,内侧密布由紫色微小斑点及小斑点组成的辐射状条纹;花萼黄绿色,上端紫褐色,具突尖,二裂,长 0.8~0.1 cm;花梗长 1.5~2.1 cm;花柱线形,长达裂片处,顶端圆舌状,稍尖;完全雄蕊 2 枚,较花柱稍短;花药黄色,二裂,退化雄蕊 3 枚,花丝长为完全雄蕊的三分之一。蒴果细长,圆柱状,长 37~77 cm;种子扁平,矩圆形,两端具白色长毛,种子长 0.9~1.2 cm,种毛长 1.1~1.9 cm,种子千粒重 7.1 g。花期 4~5 月,果熟期 9~10 月。

本种和长果楸相似,但叶为心形,果实较短,适生范围较广,在干旱瘠薄的地方都能正常生长。主要分布于河南、山西、安徽等省。

11. 河南楸

长柄楸(河南)。

落叶乔木,高 20 m;树冠卵形或卵状椭圆形;树皮暗灰色,长片状深纵裂。一年生枝黄褐色、具光泽,二年生枝灰褐色,三年生枝浅灰色。叶卵形或广卵形,长 8~20 cm,宽 6~15 cm,先端渐尖,基部圆形或广楔形,基部边缘上翘呈匙形,叶片先端三分之二处下垂扭曲,全缘或具裂齿,表面暗绿色,无光泽,背部浅绿色;基部脉腋间有 2~3 个浅绿褐色腺斑;叶柄淡绿色,圆筒形,长 7~15 cm。总状花序伞房状,长 6~9 cm,由 3~9 朵花组成;花梗绿色,长 2.5~3.5 cm,着生两个大苞片,梭形,长 4.0~4.5 cm,宽 1.5~2.0 cm,

浅绿色;序梗基部苞片更大,长 5～6 cm,宽 3.5～4.0 cm;花蕾绿色;花冠初开时淡绿色,后变成白色,略带红晕,3.5～4.2 cm,花筒外部被紫色斑点,腹部内侧白色,有 7～15 条粗细不等的紫色条纹斑点和两条浅黄色的条带;雌蕊长 2.2～2.4 cm,柱头舌状,二裂;雄蕊 5 枚,发育雄蕊 2 枚,长 1.7～1.9 cm,半发育雄蕊 2 枚,退化 1 枚;花丝白色,花药黄白色。果实长柱形,浅棕色,长 38～52 cm,粗 0.3～0.4 cm,表面具明显的纵条纹;种子条形,带毛长 6.3～6.9 cm,千粒重 6.3 g。花期 5 月,果熟期 9 月。

本类型主要分布于河南西部黄土丘陵及浅山区。树干端直,干形较好,树冠较狭,但生长速度较慢,材质较好。

12.南阳楸

落叶乔木,高 15～20 m;树冠卵形,树皮暗灰色,浅纵裂,裂片略翘起。一年生枝条绿色,二年生枝条灰色。叶片三角状卵形,先端急尖,略扭曲;基部心形、截形或楔形,老熟叶全缘无裂齿;长 8～15 cm,宽 6～12 cm,表面深绿色,背面绿色,叶脉表面凹陷,背面凸起;叶柄长 4.5～10 cm,淡绿色。花序圆锥状,大型顶生,粗壮直立,由 7～9 层、20～32 朵小花组成,长 17～21 cm,宽 12～16 cm;花白色,略带红晕,长 3.8～4.2 cm,花冠幅度 4～4.2 cm;雌蕊长 2.3～2.5 cm,白色,柱头舌状,二裂,白色;花药黄白色,竖直开裂;雌雄蕊同长。蒴果长 38～47 cm,灰褐色。花期 5 月,果熟期 9～10 月。

主要分布于河南西南部、湖北西北部海拔 500 m 以下的平原及丘陵,在立地条件较好的地方生长较快。洛阳黄土丘陵地区引种,苗期表现很好。花为大型圆锥花序,直立,顶生,突出于叶片之上,具有较高的观赏价值,可供城镇、厂矿、旅游区绿化用。

13. 梓楸

落叶乔木,高达 20 m;树冠广卵形,无明显的顶端优势;树皮深灰色,幼时片状纵裂,老龄时纵裂较深。小枝青灰色。叶广卵形,全缘常下垂,先端渐尖或尾尖。基部圆形或楔形,表面绿色,背面淡绿色;无毛,叶背基部脉腋间有两个绿色腺斑;叶柄绿褐色,长 4~8 cm。花序圆锥状聚伞形,由 15~24 朵小花组成;花序长 8~15 cm,花粉红色,花冠白色,花长 4.0~4.5 cm,花冠幅度 4.5~5.5 cm,花筒内侧白色,喉部具少而稀疏的红色细条纹,条带黄色较明显;花药黄色;柱头舌状,二裂,白色。果长 30~70 cm,径 3.0~3.5 mm;种子长条形,长 0.8~1.1 cm,两端有白色绒毛,种子连毛长 4.5~5.5 cm。花期 4~5 月,果熟期 9~10 月。

常见于淮河中上游海拔 500 m 以下的丘陵区和平原。树干较差,树冠较大,顶端优势弱,生长速度亦较慢。如生长在黄黏壤土上的一株 37 年生大树,高仅 13 m,胸径 35.5 cm,冠幅 10 m。它的水平根系发达,萌蘖力很强。据调查,在 10 m 长、2 m 宽的地边上,萌发的幼树达 76 株。

因此,可在水土流失严重的坡地选用造林。木材黄白色,群众较喜爱。

14.**滇楸**

落叶乔木,高达 30 m;树冠广卵形;树皮灰褐色,片状浅纵裂。小枝青灰色。叶广卵形或心形,全缘,先端渐尖或尾尖,基部圆形或广楔形,叶片主侧脉凹陷较明显;表面深绿色,无毛,背面浅绿色,无毛,基部脉腋间有两个暗紫色腺斑。圆锥状花序或聚伞状圆锥花序,由 15~25 朵小花组成;花冠淡紫色。蒴果长约 60 cm(70~100 cm)。花期不等,云南为 3 月底 4 月初,福建为 4 月初,南京为 5 月中旬。果熟期 10~11 月。

本种分布较广,云南、四川、贵州、湖南、广东、浙江、南京、山东、河南、福建等省市均有分布和引种栽培,生长较快。福建林学院校园内引种的滇楸,树龄 24~25 年,高 19 m,胸径 46 cm,干形通直,生长良好。南京引种滇楸,生长正常,无冻害。山东引种的滇楸,生长较快,冬季略有冻害。

15.**紫脉灰楸**

落叶乔木,高达 20 m;树冠卵形,树干通直;树皮暗灰色,片状开裂。一年生枝条灰绿色,二年生枝条暗灰色。叶卵形或三角状卵形,长 12~15 cm,先端渐尖,基部平截或略呈圆形,全缘无裂齿,表面深绿色,有枝状毛,无光泽,背面淡绿色,毛较密,叶脉较细,呈紫褐色,叶背脉腋间有大而明显的腺斑；叶柄圆形，绿色，长 6.5～11.5 cm。花序圆锥形，由 20～30 朵小花组成，被黄白色枝状毛；花冠紫红色。蒴果长 55～75 cm，径 0.3～0.4 cm；种子长条形，长 1.5～1.7 cm，种子连毛长 5.0～5.5 cm。花期 5 月，果熟期 9 月。

主要分布在湖南西部和西南部，生长速度较快。生长在湖南省麻阳县高村乡通其村紫色土上的紫脉灰楸，树龄 19 年，高 20 m，胸径 42 cm，年平均胸径生长量达 2.21 cm。

16. 白花灰楸

落叶乔木，高 15～20 m；树冠卵形；树皮暗灰色，片状浅纵裂。小枝灰褐色，无毛；当年生枝条落叶后灰黄色。叶片卵形，长 7～12 cm，宽 5.5～7.5 cm，先端渐尖，基部圆锥形或平截，全缘，表面淡绿色，背面深绿色，有枝状毛，基部脉腋间有 2～4 个深绿色腺斑。花序总状，由 6～9 朵小花组成，序梗、花梗、萼片、苞片均为绿色，有枝状毛；花冠白色，花冠及花筒内均有毛；雌蕊白色，柱头二裂，白色。果实长 35～55 cm，黄灰色；种子长条形，带毛长 3.7～5.2 cm。花期 5 月，果熟期 10 月。

主要分布在山东的沂蒙山区，胶东半岛、泰安、济宁等地有栽培。干形较好，生长速度较快，是灰楸中一个较好的类型。青州市范公亭公园内的两株大楸树（一株高 14 m，胸径 190.4 cm；另一株高 18 m，胸径 145.5 cm）即为此种，传说为唐代栽植，号称唐楸。虽树龄数百年，但仍能开花结果。木材白色,材质好,纹理直,为优质用材。同时还具有较强的萌蘖力,可作为水土保持树种。

17.灰楸

落叶乔木,高20余米;树冠卵形;树皮暗灰色,深纵裂。一年生枝条灰绿色,二年生枝条灰色。叶卵形,全缘无裂齿,表面深绿色,无光泽,背面绿色,先端渐尖,基部近圆形,叶片基部脉腋间有两个暗紫色腺斑;小枝有枝状毛或星状毛,后脱落。总状花序伞房状,由7～15朵小花组成;花梗、花蕾绿褐色,花冠紫红色,花瓣边缘具波状皱褶,不整齐;花筒内侧白色,有紫红色条纹和斑点,喉部有两条黄色条带;雌蕊长2.5 cm,圆柱状,淡绿色,柱头粉红色,钝舌状,二裂;花药白色,与花丝平行。果长25～55 cm,径0.3～0.4 cm;种子长条形,长1.0～1.2 cm,带毛长7～9 cm,宽0.25 cm。花期5月,果熟期10月。

本种主要分布在四川、云南、甘肃、陕西、湖北、湖南、安徽、河南等省,常与楸树混生,垂直分布较楸树高,在甘肃小陇山可达1 800 m。由于天然杂交和地理隔绝的原因,形成数个变种和生态类型。

18.线灰楸

线楸(甘肃)。

落叶乔木,高20余米;树冠长卵形;树皮暗灰色,纵裂较深。小枝灰褐色,有毛。叶卵形,常三裂,下垂,长7～11 cm,宽5～8 cm,先端渐尖,基部圆形或截形,表面深绿色,有枝状毛,背面绿色,毛较密,三出脉,叶背基部脉腋间有两个绿褐色腺斑。总状花序,由6～12朵小花组成,花蕾紫褐色,花冠紫红色,花梗、序梗、苞片、花萼均有枝状毛;柱头舌状,二裂,淡红色。蒴果长27～42 cm,径0.38～0.42 cm;种子条形,两端有白毛,种子带毛长4.3～5.8 cm。花期5月上旬,果熟期9～10月。

本类型主要分布于西北黄土高原地带,干形通直,冠形较小,生长较快,是西北黄土区造林的优良类型。生长在天水市甘谷县金山乡廉家坳村的线灰楸,树龄百年左右,干高15.2 m,胸径90 cm,干形通直,树姿雄伟,是我国西部干旱地区较大的楸树。

19. 窄叶灰楸

落叶乔木,高15 m;树皮灰色,呈长片状翘裂。一年生枝灰色,被黄锈色枝状毛。短枝叶卵状披针形,叶长7～13 cm,宽3～6 cm,先端渐尖,有时尾尖,基部呈楔形或圆形,有时偏斜,表面深绿色,被黄锈色枝状疏毛,主脉常下陷,密生枝状毛,背面毛密;基部脉腋通常有1～3个暗紫色三角形的腺囊;叶柄长3.5～9.5 cm,被黄灰色毛;长枝叶长卵形,全缘或二至三浅裂,两面有毛,深绿色。总状花序伞房状,由3～12朵小花组成,长5～9 cm;花梗、苞片、萼片密生毛;梗上苞片多2枚,披针形,近对生,长0.3～0.5 cm,宽0.1～0.2 cm;萼片二裂,花梗紫红色,较小,长2.4～3.0 cm,直径2.0～2.6 cm;冠筒长1.5～1.7 cm,花瓣不整齐,具波状皱褶,上唇瓣较短、平展、内曲,下唇瓣较长,中瓣向前挺伸,边缘内曲,背部有较深的紫红色斑点,内侧粉红色,腹部外侧白色,微带黄绿色,有紫红色斑点,内侧密布红色斑点和条纹;喉部白色,有黄色条带;雌蕊长1.7～2.0 cm,子房圆柱状,淡黄色;柱头长1.2～1.4 cm,舌状,二裂,不等长,先端钝尖或平截;雄蕊5枚,发育雄蕊2枚,长1.3～1.5 cm;花丝白色,花药淡黄色。

分布于河南西部,常与其他树种混生,生长速度慢,干形差。

20.密毛灰楸

落叶乔木,高15～20 m,树干稍弯;树冠卵圆形,大枝稀疏而开张,小枝密集;树皮长条状深裂,暗灰色。一年生枝条黄绿色,二年生枝条灰色,三年生枝条暗灰色;小枝密生灰白色枝状毛,可保留数年。短枝上的叶三角状卵形或心形,长5～12 cm,宽4～9 cm,表面深绿色,两面密生枝状毛,先端渐尖,基部心形,与叶柄相接处略后伸,呈楔形;全缘无裂齿,基部三出脉较明显,背面基部脉腋间有3～5个紫褐色的腺斑;叶柄长3～7 cm,黄绿色,密生毛。长枝上的叶广卵形,掌状深裂,密生灰白色的枝状毛。总状花序伞房状,由3～12朵小花组成,长6～12 cm;花梗暗紫色,密生毛;苞片线形,脱落早;花萼紫褐色,倒卵形,无光泽,密生毛;花冠紫红色,花长3.5～4 cm,花幅3.1～4.2 cm,花瓣有波状皱褶,不整齐,雄蕊略向外反卷;花筒背部红色,密生紫红色的小斑点,内侧白色,腹部淡黄绿色,略有紫红色斑点,花筒内有间断的紫红色线条;雌蕊长 1.7～2.2 cm;子房圆柱状,淡黄色;花柱长 1.5～1.7 cm,白色略扁;柱头舌状,二裂,先端平截或钝形,淡红色;雄蕊 5 枚,发育雄蕊 2 枚,长 1.6～1.8 cm。蒴果长 20～47 cm,粗 0.4～0.45 cm,暗灰褐色。种子长 1.0～1.2 cm,带毛长 3.0～4.8 cm,宽 0.18～0.27 cm,千粒重 2.9 g。花期 4～5 月,果熟期 9～10 月。

本类型和灰楸相似,主要区别是:小枝、序梗、叶柄、苞片、萼片、叶密被黄褐色枝状毛,宿存数年;叶三角状卵形;总状花序伞房状。

主要分布于河南、陕西、甘肃等省,渭北高原、陇南均能正常结果。木材灰褐色,材质较好。花序顶生,较大,花色鲜艳美观,可作园林、厂矿绿化用。

21. 细皮灰楸

落叶乔木,高 12～15 m,树冠卵形或圆形;树皮片状浅纵裂,灰褐色,小枝灰绿色,有枝状毛。叶交互对生,长 5～13 cm,宽 4～12 cm,长与宽略相等,全缘无裂齿,表面绿色,背面粉绿色,有分枝毛,先端渐尖,基部心形,叶片背面脉腋间常有两个绿褐色腺斑;叶柄长 4～8 cm,黄绿色,有毛。花序总状,长 8～13 cm,由 3～12 朵小花组成;花梗褐色,密生毛;苞片披针形,长 0.3～0.8 cm,宽 0.1～0.3 cm;花蕾紫红色,被毛,有光泽;花紫红色或黄褐色,长 3.8～4.2 cm,花幅 3.5～4 cm,花瓣整齐,无皱褶,下唇瓣的中瓣向前挺伸,其余各瓣向外反卷;花筒外面黄褐色,有大而稀疏的红褐色斑点,内侧黄白色,有粗细不等的紫色线条 15～18条,并有两条黄色条带;雌蕊长 2.3～2.6 cm,淡黄绿色,柱头舌状,二裂,先端钝;雄蕊长 2.2～2.4 cm,略与雌蕊等长;花丝白色,花药竖直,与花丝平行。蒴果长 30～70 cm,暗棕色。种子带毛长 4.0～4.7 cm,千粒重 7.1 g。花期 4～5 月。果熟期 9～10 月。

分布于河南、北京、山西、河北、甘肃等省市,生长速度较慢。如北京陶然亭公园的细皮灰楸,树龄 22 年,高 5.2 m,平均胸径 10.8 cm,且树干弯曲。条件较好的地方生长速度略快,干形较差。花序顶生,鲜艳,颇具观赏价值。

二、楸树优良品种选择程序

楸树优良品种是指经过人工选育,通过严格试验、测试和鉴定,证明在一定适生区域范围内,其产量和质量以及其他主要性状明显优于当地主栽楸树品种,具有较高生产应用价值的品种。

楸树优良品种需要在产量、质量及其他性状方面明显优于原有主栽楸树品种,而且经济价值高。楸树优良品种应具有速生、丰产、适应性广(包括不同的气候、土壤条件)、抗逆性强(包括干旱、寒冷、大风、病虫害)、干形好、材质优良等性状。不同楸树品种在生长特性、生态适应性、抗病虫性能、木材材性等方面都有一定差别,任何优良楸树品种的性状都不是十全十美的,必须对某个品种的各种性状有具体的了解,以合理利用。楸树优良品种选育过程主要有选材、测定、鉴定。

楸树优树选择工作是近几年才开展起来的,河南省林业技术推广站成立了河南省优树复选委员会,对全省17个用材树种进行初选和复选工作,其中复选出楸树优树19株。自1988年以来,河南省楸树研究协作组在进行楸树种质资源调查的基础上,在全国范围内开展了楸树选优工作,最后复选出优良单株400棵。现已对这些优株进行了收集,逐步开展后代测定工作。

由于楸树自身的繁殖特性和分布现状,几种成形的常规选优方法都不太适用。加之楸树选优工作起步晚,目前还缺乏成熟的方法,只能根据我们在选优过程中的一些具体做法提出一些参考性意见。

1. 楸树选优的标准

为了达到优中选优的目的,首先应在分清楸树种类的基础上,按生物学特性及形态特征划分类型,然后在优良的类型中进行单株选优。同一类型,在立地条件和管理水平比较一致的情况下,按优树的标准进行选择。虽然选择出的优树还不能完全摆脱环境条件的影响,但已不足以干扰树木个体间的生长差异性。

楸树的选优标准一般应以速生、抗病虫害为主要目标,同时注意干形、冠形等标准。

(1)树龄:15年以上。

(2)生长速度:片林优树比周围3~5株优势木的平均

树高大10%左右,胸径大15%～20%,材积大30%以上;单株按立地条件、数量和形质指标综合评分。

(3)树干:树干通直、圆满,尖削度小,无缺顶或双顶现象。

(4)树冠:树冠匀称圆满,冠幅较窄,侧枝细,分布均匀。

(5)抗性强:无楸螟和其他严重病虫危害。

为了特殊的选育目的,还应注意考虑其他特性。耐盐碱、耐干旱、抗楸螟、古树以及具有特异性状的植株也要破格入选。

2.楸树选优的方法

根据楸树多为散生、片林较少的特点,在选优工作中主要采用优势木对比法和综合评分法。

(1)优势木对比法:以候选树为中心,在立地条件相对一致的10～25 m半径范围内,选出仅次于候选树的3～5株优势木,实测并计算其平均树高、胸径和材积。材积超过优势木平均30%以上者,即可入选。形质指标评定用目测法,与周围树木相比,无明显缺陷即可。

(2)综合评分法:根据楸树的一般生长状况,将所选择的表型值划分为不同档次,根据其重要性和遗传力综合评分,累加各性状的评分,从而得出对所选植株总的评价。

通过对楸树生长和形质的了解,我们认为选优时应注意考虑材积、胸径、高径比、冠径比、树皮厚度、树干通直度、抗虫能力七个方面。较高的材积是选育的最终目的,胸径生长指标反映楸树早期的速生性状,高径比反映树高的优异度,冠径比反映树冠的发育状况。

楸树优树综合评价表

项目	评分标准	各级评分			
		1	2	3	4
材积	树龄(年)	≤20	21～30	31～40	≥40
	标准(m^3/年)	0.005	0.015	0.025	0.035
	评分	15	15	15	15
胸径	标准	≥1.71	1.70～1.41	1.40～1.21	1.20～1.00
	评分	15	10	5	3
高径比	标准	≥65	64～55	54～45	≤45
	评分	15	10	5	0
冠径比	标准	≤12	13～15	16～18	≥18
	评分	15	10	5	0
树皮厚度	标准(cm)	≤1.2	1.3～1.6	≥1.7	
	评分	5	3	0	
树干通直度	标准	通直(无弯曲)	稍弯(有1～2个小弯)	弯曲(有大弯)	
	评分	20	10	0	
抗虫能力	标准	上	中	下	
	评分	10	5	0	
备注	抗虫能力:枝条被害数占总枝条数30%以下者为上等;30%～50%者为中等;50%以上者为下等				

在使用综合评价表时,应注意:

①材积生长量是对落在相应年龄档次内的候选树年平均材积生长量的最低要求,达到该值的给15分,达不到该值的记为0分。

②树皮厚度以胸径1.3 m处的树皮厚度为准,树干通直度和抗虫能力以目测为主。

③在给40年生以上的老龄树打分时,高径比的得分加0.5分。

④由于楸树数量较少,大树不多,树龄放宽到15年以上。为消除这一影响,在给15~20年生树打分时,分别在高径比和树皮厚度得分中扣去0.5分。

为了提高选优效果,应注意在实生起源和同龄林分中选择。对于行道树、农楸间作等栽培方式优树的选择,应注意候选树与对照营养空间的一致性。对孤立木、散生木,要特别慎重,严格把关,标准要高。

立地条件与楸树的生长关系极为密切,较好的立地条件楸树正常生长发育,其优良性状能充分表现出来,因而优树出现的概率大。但优树选择不能局限于好的立地条件,较差的立地条件同样存在不少适应能力强的优树,一旦选出,其意义往往更大。

3. 楸树选优的步骤

(1)培训选优人员:制订楸树优树选优工作细则,统一选优标准,明确选优范围和任务。根据选优工作范围和任务,组织选优人员集中培训。通过以会代训、现场示范操作,使参选人员掌握实地选优步骤、测定标准、登记办法、采样部位、器官和数量、样根(穗条、种子)的包装及运输等。

(2)初选和登记:首先要做深入细致的调查了解工作,2~3人一组,在一定选优范围内进行普查摸底。主要依靠当地林业部门和群众,通过座谈访问,掌握优树线索,做到心中有数,然后在此基础上进行实地调查。在实地调查时,无论采用哪种选优方法,都要实测优树,按统一制作的楸树优树登记表认真登记。凡入选的单株,应在树干1.5 m高处用红漆编号。

(3)复查评比:初选工作结束后,将选中的优树再按优树标准复查考核,全面比较,重新评议,优中选优,不符合标准的坚决淘汰。复选出的优树,应重新审查优树登记表,核实测定数据,补漏填缺,并拍摄照片,采集标本。

4.优树的收集

(1)采样部位、器官和数量:优树的采集以根段为主,无法采根的地方(如庭院、公园、风景林等)则可采集树冠南面上部一年生健壮枝条,用以扦插或嫁接繁殖。采根部位不受南北限制,但要求能剪截出长15 cm左右、粗0.6~2.0 cm的幼嫩种根50根。采集枝条时,要求剪出30个接穗。楸树少数类型有结果习性,所选单株上结有果实时,最好采集下来,以便在可能的情况下,无性系测定与子代测定结合进行。

（2）包装及运输：采集的优树根、穗条、种子应就地绑扎好，挂好标签，用内装保温、保湿材料（如湿锯末、湿沙子等）的塑料袋包装，妥善保管和携带，防止失水和冻害。待收集一定数量后，立即送到根条集中单位。承担优树繁殖的单位，对送交的根条应认真检查验收，不合格者坚决剔除，并责成选优人员重新返回原地采集。

（3）采样时间：12月至翌年1月上旬。

三、楸树良种选育程序

楸树优良品种必须有选育过程，经过严格的遗传测定、区域试验和评价鉴定。不论是通过杂交育种获得，还是通过优树选择获得，不论是国内培育的新品种，还是由国外引进的新品种，都必须经过有计划的区域性造林试验。经过半个轮伐期以上的测试，新的测试材料在生长、适应性、抗性、材质等方面确实比原来应用的品种优越，而且在了解测试品种特性的基础上，确定其适生范围、适宜的立地条件、适宜的栽培技术措施和培育目标，通过鉴定和良种审定才能在生产中推广应用。如果不经过区域性试验，盲目引进外地的品种，可能造成生产上的损失或失败。

按照我国林木良种管理的规定，新的优良品种必须通过国家林业行政主管部门或省级林业行政主管部门，即国家林木品种审定委员会或省级林木品种审定委员会审定,才能在林业生产中推广应用。

(一)楸树良种选育工作重点

过去由于忽视楸树的发展,楸树研究工作跟不上,拿不出用于生产的良种,良莠不分,有啥栽啥,以致形成一种笼统的认识:楸树生长慢,生产价值低。片面的认识又反过来影响楸树的发展,最终导致楸树发展停滞不前的恶性循环:忽视发展→研究落后→缺乏良种→生产缓慢。目前,加速楸树良种选育工作进程,迅速普及良种,已成为楸树科研和生产的一项紧迫任务。

根据楸树的生长特性和生产价值,楸树良种选育工作的重点应以速生、优质、美观、抗病虫害和适应性强为主。当前,则应以速生、抗楸螟为主。

1. 提高楸树的速生性

楸树材质优良,经济价值高,但是生长速度因种类不同而有所差异,普遍较慢。要提高其生长量,特别是早期要速生,缩短培育周期,在短期内提供大量的优质木材。现在,北方的楸树、灰楸类生长至 40~50 cm 粗的大径材需要 40~60 年,年平均胸径生长量 0.8~1.3 cm,年平均单株材积生长量 0.02~0.025 m^3;南方的滇楸类生长稍快,年平均胸轻生长量 1.0~1.5 cm,年平均单株材积生长量 0.025~0.037 m^3。如果通过育种手段,培育出早期速生的良种,使其年平均胸径生长量达到 2 cm 以上,年平均单株

材积生长量达到 $0.04\sim0.05$ m³,则工艺成熟龄可缩短 $10\sim15$ 年。要实现这一指标,必须培育直径生长快、主干高大通直的品种,这是提高楸树生长量和出材率的关键措施。

2.提高抗病虫害的能力

主要是提高楸树对楸螟的抗性,其次是楸树根结线虫病,培育抗病虫的楸树品种。

3.培育材质优良品种

楸树材质好,但是不同种类的楸树木材质量是有差异的,育种目标是培育材质好、生长快的楸树品种。

4.增强楸树的适应性

楸树分布范围广,适应性强。但其种群分布性十分明显,培育适应当地环境的楸树品种,扩大楸树种植范围,是加速恢复和发展楸树的重要措施。

5.定向培育满足各方面需要的楸树品种

楸树不但是材质优良的用材树种,而且是理想的农林间作树种,还是很好的庭院、道路、工矿区绿化、园林观赏树种。农楸间作品种,要求根深、冠窄、干高、枝叶稀疏、生长迅速,可以与农作物搭配,构成良好的群落结构;庭院、道路、园林绿化品种,则要求树干高大通直、雄伟壮观、枝叶浓绿、花色鲜艳,具有一定的观赏价值,给人们留下美好的印象;工矿区绿化、美化应选择枝叶粗糙、花大、被毛、对有害物质吸附能力较强和抗污染的品种,以达到隔音、防噪、净化空气的目的。

为了实现上述目标,应积极开展以选为主,选、育、引相结合的良种选育工作,主要内容包括楸树种质资源利用、优树选择、杂交育种、引种、良种繁育等方面。

(二)楸树良种繁育技术

1.适生条件

海拔 800 m 以下,年平均气温 10～15℃,年降水量 500～1 200 mm,壤土、沙壤土或黏土,土壤呈中性或微酸性、微碱性,pH 6.5～7.5,地下水位在 1 m 以下。

2.苗木培育

(1)苗圃的选择:苗圃应设立在造林地中心或其附近交通方便的地方,土壤肥沃、深厚,地下水位 1 m 以下,不积水、排水良好,没有根结线虫发生,无楸螟或危害轻微。

(2)砧木苗培育:

①采种。选生长健壮的梓树、灰楸作为采种母树,在果实由黄绿色变成灰褐色、顶端微裂、种子成熟时采集。将采集的果实晾干,扒开取出种子,装入布袋内,置于通风、干燥的室内干藏。

②种子处理。干种子用清水冲洗后,用 0.1% 高锰酸钾溶液浸泡 12 h 消毒。也可温水浸种催芽,先用 45℃ 温水浸种 24 h,然后把种子捞出放入布袋,置于 18～25℃ 条件下催芽,每天用 40℃ 的干净温水冲洗 2 次,持续 3～5 天。也可采用沙藏催芽法。

③播种。建立塑料小拱棚式播种床,棚高50 cm,床宽100 cm,长度根据需要而定,一般为10 m。播种床铺10 cm厚的营养土。播种期为3月上旬至5月中旬,当处理的种子30%左右露白时开始播种。播种时横行条播,行距8~10 cm,播幅5~7 cm,开1 cm深的播种沟。或者直接把种子撒播于苗床。每平方米播种量为800~1 000粒。

④整地。大田苗圃地早春耙碎,每亩施堆肥2 500 kg,浅耕20 cm,耙平做床。

⑤大田移栽培养。4月中旬至6月上旬,当砧木苗长出4~6片真叶时移入大田培养。采用低床或高床,每亩移栽小苗3 500株左右。苗床随喷水随移栽,选阴天移栽,晴天移栽在下午四时以后进行,移苗时每棵浇水500 mL左右。

⑥砧木苗管理。砧木幼苗移入大田后7天左右,对大田进行一次浇灌,土壤表层干后锄地保墒。7月初、8月初结合浇水苗圃地各施一次氮肥,每次每亩施尿素15 kg。生长季节及时除草,砧木苗高超过1.5 m时停止施肥浇水。

(3)嫁接:

①接穗的采集与贮存。选用优良无性系、品种或类型,品种应通过省级以上林木良种审定委员会审定,如鲁楸1号、鲁楸2号、楸选8301、楸选8365等。选择生长健壮、发育良好、充分木质化且无病虫害的一年生枝条作接穗,采集后做好接穗保鲜、保湿工作,勿使其失水。

②嫁接时期。3月下旬,砧木芽发绿时嫁接最好。

③嫁接方法。带木质部芽接、双舌接。

(4)苗期管理：

①抹芽。当接芽长到5 cm左右时,保留2个芽,并在结合部上方2 cm处把砧木苗干剪去。当芽长到15 cm左右时,从2个芽中拔下生长弱的芽,解除绑缚物。

②追肥。追肥的时期、种类及施肥量如下表所示。

楸树育苗期氮肥施肥要求

育苗方法	追肥次数	追肥时间	追肥量(每667 m^2)
砧木苗	第1次	7月上旬	尿素每次15 kg
	第2次	8月上旬	尿素每次15 kg
嫁接苗	第1次	5月底	尿素每次10 kg
	第2次	6月中下旬	尿素每次10 kg
	第3次	7月中旬	尿素每次25 kg
	第4次	8月上中旬	尿素每次25 kg

③灌溉和排水。幼苗期小水勤浇,速生期大水灌溉,浇匀浇透,苗木生长后期少浇水或不浇水。注意排水防涝。灌溉水质符合GB/5084要求。

(5)出圃：

①起苗。起苗前7天左右将苗圃地浇透水。起苗时挖土要达到30 cm的深度,根幅保持25 cm左右。

②苗木分级如下表所示。

楸树一年生嫁接苗分级标准

苗木级别	苗木标准				
	苗高(m)	地径(cm)	根系	木质程度	病虫害
1级	3.5以上	3.1以上	发达、完整	枝干灰绿色、充分木质化	无楸螟、根结线虫危害
2级	3.5~3.0	2.5~3.0	发达、完整	枝干灰绿色、充分木质化	无楸螟、根结线虫危害
3级	3.0~2.6	2.1~2.5	较发达、完整	枝干青绿色、未充分木质化	彻底修剪虫瘿、病瘤后达到生产需要

3.病虫害防治

(1)农药选择与操作符合 GB/4285 与 GB/T8321.1—8321.7 相关要求。

(2)楸螟防治方法：

①对苗木加强检疫,不使带虫苗木外运。

②冬春季节彻底剪除虫枝烧毁。

③适当营造混交林。

④4月下旬至5月上旬喷洒40%氧化乐果2 000~3 000倍液、50%杀螟松乳油或90%敌百虫,毒杀成虫和初孵幼虫,每隔7~10天喷药一次,连续防治2~3遍。

(3)楸树根结线虫病防治方法：

①加强检疫,禁止带病种根和苗木运往无病区。

②避免楸树与梓、泡桐、桃树、苹果等连作,病圃可与

针叶树或禾本科作物轮作。

③起苗后将表土虫瘿深翻掩埋,大水冬灌,使线虫窒息而死。

④病圃在育苗前,全面钻孔,两孔相距约 30 cm,每孔注入 80%二溴氯丙烷乳剂 2~3 mL,覆土熏杀线虫。在生长期,行间开沟,每亩用 80%二溴氯丙烷加水 200~300 倍浇沟,然后覆土压实。

(三)楸树良种选育的具体方法

1.建立楸树种质资源基因库

这是目前最有效的保存楸树种质,防止其继续流失的途径之一,目的是保存进行遗传改良的原始材料。

目前植物种质保存的途径有以下三条:

(1)就地保存,即通过保护植物原来所处的自然生态系统来保存植物种质。

(2)迁地保存,即把整个植物迁出它的自然生长地,保存在植物园、树木园、种植园等地方。

(3)离体保存,即贮藏植物的种子根、茎、花粉等,以保存植物种质。

建立楸树种质资源基因库是迁地保存楸树种质的一种方法,即采集原始植株的穗条,利用无性繁殖的方法培育出新植株,使之集中保存繁衍下去,以供人们永续利用。1986 年,林业部批准了"七五"国家重点科技攻关项目"楸树良种选育研究",拟在洛阳建立全国第一个楸树种质资源基因库。其实施步骤为：

(1)基因资源的收集：在全国楸树种质资源调查的基础上，根据楸树分布不匀的特点，不再采取机械布点的方法，而是在楸树分布区域内根据不同生态类型区划分收集范围和确定收集点。共划分为7个收集区：豫西黄土丘陵浅山区，汉江流域，晋西南黄土沟壑区，淮河流域，苏、皖北部平原区，沂蒙山区，胶东沿海区。

这些地区都是目前楸树分布比较多而且集中的地方，基因资源易选择收集，收集内容包括不同形态特征的种、变种和类型，不同生态区的地理种源，在原产地表现较好的优良单株，进行有计划的选择收集。

(2)原始植株的繁育：对收集回来的楸树种质资源材样，选用无性的方法进行繁殖，如常规插根育苗法、根萌嫩芽扦插法、本砧嫁接法。根据测定工作需要，每个无性系需培育一定数量的同龄无性系苗木。

(3)基因资源的保存：将繁殖的同龄楸树苗木，每一个无性系选取一定的株数，采用0.5 m×1 m的株行距营造基因库，把收集到的单株保存起来，以备利用。

(4)无性系测定：楸树无性系的测定和筛选与其他阔叶树种大致相同。根据楸树的特点，测定程序是：原始材料繁殖(同龄苗的培养)→苗期测定→无性对比试验林→区域试验。

①同龄苗的培养(原始材料繁殖圃)。为消除苗木质

量与发育阶段的差异,首先采用种根萌发的嫩芽作为繁殖材料,培育嫩枝扦插的带根苗作为苗期鉴定的试材;其次是用各无性系的种根,经处理后直接在苗圃育苗,经一年的繁殖,再取大小均匀的种根进行田间育苗测定;三是采用根穗嫁接,因为有些优树种根不易采集,可将枝条在楸树根上嫁接,促使接穗长出自生根,然后再采根育苗,进行测定。

②优树无性系苗期测定。苗期测定可提高选择精度,减少无性系测定的工作量,进一步筛选优良无性系。以所培育的同龄(同发育阶段)、大小均匀的一年生苗木作试材,采用随机区组田间试验设计方法,进行4~6次重复,9~15株一个小区,株行距0.5 m×1 m,方块排列。以当地楸树作对照,四周再设置2行保护行。苗期测定连续进行3年,使其优良性状在苗期充分表现出来,以提高选择质量。第1年按选择标准选取若干无性系,第2年再按生长情况进行复选,第3年确定最终中选系号。同时,从第2年开始,对有希望的无性系都要进行苗木繁殖,一旦苗期选择结束,就有相应的苗木供无性系对比使用。

③优良无性系测定林。将苗期测定选中的各个无性系进行造林对比试验,设4个试验对比区,每个对比区仍按随机区组设计,9株一个小区,5~6次重复,株行距4 m×5 m。对试验林要加强管理,保证质量,使之快速成林。同时对各无性系的生物学特性、抗性、生长量等有关测定因

子做详细记载。

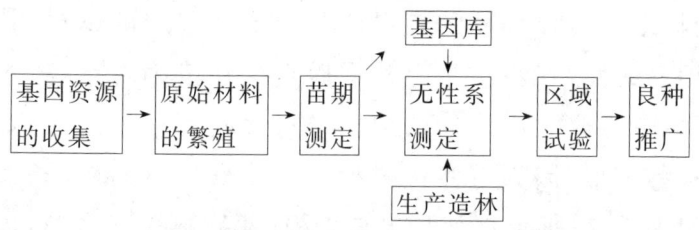

楸树良种选育工作程序

2.楸树选种

选种是对种以下的一些优良类型、种源和个体的利用。

3.楸树杂种优势利用

复杂的种质资源为人们进行杂种优势利用、开展基因重组和多世代群体改良提供了丰富的遗传物质。楸树大多数种类自花不孕,是种内杂交的生理性障碍。20世纪70年代后期,一些林业院校的育种工作者开展了种间杂交工作,异花授粉获得成功,并通过10多个种间、种内杂交组合,获得实生种苗,为我们进行实生选种奠定了基础。

四、山东主要栽培品种

山东省楸属有两种,即楸树和灰楸,二者常混生在一起,前一种占优势,人们习惯通称为楸树。按照潘庆凯等的类型划分,山东主要有楸树的金丝楸类型和灰楸的白花灰楸类型。山东的楸属主要分布于蒙阴、泰安、肥城、费县、沂水、平邑、青州、博山、临朐、威海、文登、牟平、海阳、莱阳、乳山、崂山,沂南、滕州、邹城、枣庄等县(市、区)。

楸树是山东省的优良乡土树种之一。然而,以往并没有对楸树的研究给予足够的重视,没能选出在生产上广泛应用的良种,传统的楸树由于生长缓慢,生产价值低,片面地追求其速生性,严重影响了楸树的发展。为了扭转这种不健康的局面,扩大楸树的推广应用和研究,山东省林业科学研究院结合当前社会的需求和山东省的实际发展需求,展开良种选育工作,选育出四个美观、速生、优质、抗病的楸树良种。

(一)"鲁楸 1 号"和"鲁楸 2 号"

"鲁楸 1 号"和"鲁楸 2 号"是从山东省范围内现有楸树优良单株中选育出来的 2 个良种。2003 年山东省林业科学研究院在全省范围内选出 37 个楸树优良单株;2004 年春采集优树枝、根系用于嫁接、埋根育苗,繁殖优树无性系;2005 年继续嫁接育苗,扩繁无性系;2006 年春分别在济南市历城区和章丘区、烟台市芝罘区、临沂市蒙阴县建立了 4 处无性系测定林,4 次重复,6 株一个小区,随机区组小区设计。采用单性状评价、多性状综合选择的方法,通过对优树无性系的生长指标、形态指标、生理指标和木材物理力学特性等方面进行多年多点观测和测定,选育出速生、优质、高产和抗逆性强的楸树优良无性系"鲁楸 1 号"和"鲁楸 2 号"。这两个品种适应性较强,造林成活率高,在鲁南、鲁中和胶东西南部等地区生长良好,在比较干旱的造林地上也能适应。与上述地区气候、土壤条件相似的华北平原、黄淮、江淮地区也可推广应用。

1. 鲁楸1号

原编号为"楸选2号",原产地为山东省蒙阴中山寺,具有干形好、材积生长量大、材性好、抗病虫害能力较强、对立地适应能力强等优良性状,适宜培育高档家具用材和装饰用材。六年生胸径12.9 cm,树高9.1 m,与豫楸1号相当,略高于豫楸2号;木材硬度高于豫楸1号20%以上;抗弯强度、抗压强度与豫楸2号相当,高于豫楸1号。其形态特征如下:

落叶乔木。幼龄树干灰褐色,细致光滑,无开裂;皮孔长椭圆形,横向排列。树干通直圆满,分枝角度自下而上50°～30°,粗大的竞争枝少;嫩枝浅褐色。三叶轮生,叶柄较长;叶片三角状卵形,绿色,光亮;叶片边缘波状,无开裂,少数有一两个浅裂片;叶基心形,叶先端尾尖;叶片中脉与基部侧脉交汇处有2～3个腺斑,浅褐色,成熟叶片腺斑变绿。

2. 鲁楸2号

原编号为"楸选31号",原产地为山东省莱阳市吕格庄镇大梁子口村。其胸径生长量低于豫楸1号,与豫楸2号相当;干形通直,冠近塔形,挺拔美观,适宜绿化美化环境,也是良好的用材树种。其形态特征如下:

落叶乔木。幼龄树干灰褐色,无开裂;随着树龄增加,从树干基部开始纵裂。树干通直圆满,分枝角度自下而上40°～20°,有竞争枝;皮孔长椭圆形,凸起明显。嫩枝绿色。三叶轮生,叶柄较长;叶片三角状卵形;嫩叶淡绿色,成熟叶片绿色;叶片边缘波状,全缘,少数有一两个浅裂片;叶基心形,叶先端尾尖;叶片背面中脉与基部侧脉交汇处有两个腺斑,浅褐色至绿色。六年生胸径 11.9 cm,树高 9.6 m,与豫楸 2 号相当,低于豫楸 1 号;木材硬度高于豫楸 1 号 20% 以上;抗弯强度、抗压强度与豫楸 2 号相当,高于豫楸 1 号。

(二)"楸选 8301"和"楸选 8365"

"楸选 8301"和"楸选 8365"是从河南省引进的优良楸树无性系中选育出来的 2 个良种。2004 年春山东省林业科学研究院从河南省引进豫楸 1、豫楸 2 号、周楸 2 号及 8301、8307、8317、8353、8363、8365、8378 共 10 个无性系各 150 株,其中 83 开头的 7 个无性系是洛阳市林业科学研究所 1989 年选优时的优良自然单株。山东省林业科学研究院分别在济南饮马泉苗圃、章丘光合园林基地、潍坊诸城市建立了 3 处无性系测定林,4 次重复,6 株一个小区,随机区组小区设计。对参试无性系的生长指标、形态指标、生理指标和木材物理力学特性等进行多年多点观测和测定,采用单性状评价、多性状综合选择的方法,选育出优良无性系"楸选 8301"和"楸选 8365"。这两个优良无性系适应性较强,造林成活率高,在鲁南、鲁中和胶东西南部等地区生长良好,在比较干旱的造林地上也能适应。与上述地区气候、土壤条件相似的华北平原、黄淮、江淮地区也可推广应用。

1. 楸选 8301

九年生胸径 14.7 cm,树高 10.85 m,与豫楸 1 号相当,略高于豫楸 2 号;木材硬度高于豫楸 1 号 10% 以上;抗弯强度、抗压强度与豫楸 2 号相当,高于豫楸 1 号。其干形好、材积生长量大、材性好、抗病虫害能力较强、树皮条块状开裂、苍劲挺拔,适宜城镇园林绿化及营造速生林。

2. 楸选 8365

九年生胸径 14.7 cm,树高 10.85 m,与豫楸 1 号相当,略高于豫楸 2 号;木材硬度高于豫楸 1 号 10% 以上;抗弯强度、抗压强度与豫楸 2 号相当,高于豫楸 1 号。其干形好、材积生长量大、材性好、抗病虫害能力较强,适宜培育高档家具和装饰用材。

第三章

楸树的生物学特性

一、形态特征

楸树,落叶乔木,通常主干通直,侧枝少,分枝点高,树形雄伟,材质优良。在一般条件下,树高可达 15~20 m。在土层深厚、疏松、肥沃、湿润的条件下,常可看到 20~30 m 高的大树,胸径达 1 m 以上,仍然枝叶茂盛,生机勃勃。楸树寿命长,一般可生长数百年。目前,在我国还保存有 600 年以上的古楸树,至今仍能开花结果,风姿犹存。

楸树树皮开裂形状多样,类型、地域、树龄不同,开裂时间和形状各异。长果楸、圆基长果楸、心叶楸在幼龄阶段树皮为灰白色,不开裂或浅裂;进入中龄以后,树皮为灰褐色,片状翘裂;进入老龄以后,树皮为黑褐色,纵裂较深。金丝楸幼龄时树皮褐色或灰褐色,光滑无裂;进入中龄以后,先在树干基部开裂,裂片呈灰褐色方块状。这一特征很明显,大树的大枝上仍可看到,是正确识别该类型的显著标志。随着树龄增长，树皮不断发生变化，裂片逐渐脱落，纵裂不断加深，颜色由灰褐色变成黑褐色。光叶楸在幼龄时，树皮灰白色、不开裂，进入中龄后开始开裂，由灰白色变为灰黑色，裂片由浅纵裂变为长片状纵裂。槐皮楸、南阳楸树皮开裂较早，一般栽植3年后树皮就开始开裂，随着树龄的增长裂片不断增加，纵裂逐渐加深，状如槐树皮。

灰楸的类型不同，树皮开裂时间、颜色也各不相同。密毛灰楸栽植3~4年后，树干由灰褐色变为黑色，树皮由光滑变为浅纵裂，再由灰褐色变为暗黑色，深纵裂。在同一立地条件下生长的窄叶灰楸和细皮灰楸，树皮开裂时间较晚，色泽也较浅。窄叶灰楸和滇楸，树皮正常开裂时间一般在10年以后，多为片状翘裂。细皮灰楸树皮开裂时间较密毛灰楸晚，裂片多为碎片状。

楸树树冠狭长，多呈圆锥形、卵形、三角形。但由于树龄、立地条件、生长状况、种类不同，树冠形状也各有不同。金丝楸、密枝楸、南阳楸、白花灰楸、线灰楸等类型分枝角度小，枝条粗壮，树冠小而密集，常呈三角形或圆锥形；梓楸、长果楸、圆基长果楸、心叶楸和灰楸，常因分枝点较低，侧枝较大，树枝开张角度在60°以上，树冠呈倒卵形、卵形等。在一般情况下（不包括强度修枝），树冠占干高的1/2~1/3，色泽浓绿，生长旺盛。在立地条件好的地方，树干生长较快，极性强，分枝角度小，树冠狭长；在立地条件差的地方,树干生长慢,极性弱,分枝角度大,树干低矮,干形弯曲,树冠大。

楸树枝条的粗细、软硬、色泽与种类有明显关系,金丝楸、槐皮楸、密枝楸枝条粗壮,褐色或深褐色;长果楸、心叶楸、圆基长果楸枝条较细,青灰色;滇楸枝条灰绿色;异叶楸落叶后的当年生枝条黄褐色;密毛灰楸、窄叶灰楸等枝条细弱,常为灰色。楸树的分枝习性也不一致,槐皮楸、南阳楸、金丝楸、光叶楸、长果楸、心叶楸等呈二叉状分枝,一强一弱;细皮灰楸、窄叶灰楸单轴分枝或三叉分枝,中间枝条生长势强,两边侧枝较弱。

楸树无顶芽,多三个芽一轮,较小,扁圆形,灰色或灰褐色,着生于叶痕或叶腋上方。楸树的芽可分为营养芽和混合芽两种,在未开花的幼龄树以及大树的徒长枝条上着生的为营养芽,进入花期的成年树枝条先端的芽多为混合芽。芽鳞片多数覆瓦状排列,外围的略大。

单叶,三片轮生,稀对生,全缘或有裂齿,幼叶在芽内卷曲,叶基脉三出,先端不达叶缘,连接成环,网脉细密,有整齐的网眼,内具游离状小脉。叶基部脉腋间有块状腺斑,呈红色、紫色、淡黄色或绿色,侧脉间有时有腺斑。叶尖尾尖,渐尖成突尖,基部圆形、楔形、心形或平截。叶柄较长,上面无沟槽,无托叶。

花两性,着生于新梢上方。花序伞房状、总状或聚伞状、圆锥状,有苞片或小苞片,线状披针形或戟形,脱落早。

花蕾圆球形或卵形,红色、紫红色、黄绿色或绿色。萼片深裂,裂片半圆形,镊合状排列,裂片顶端尖或具2～3个芒尖。花唇形,上唇二裂,下唇三裂,裂片通常有皱褶。雄蕊5枚,发育雄蕊2枚,花丝长,着生于下唇,不外露。子房无柄,上位,有退化的花盘,二心皮合生,二室,中轴胎座,胚珠多枚,倒生,珠被单层。花柱细长,黄白色;柱头二裂,舌状或钝形,等长或不等长,红色。蒴果细长,25～30 cm,最长达120 cm,棍棒状,当年成熟,两瓣裂,果皮栗褐色或黑褐色,略有皮孔。种子多而轻,2～4行着生于质厚的隔膜上,椭圆形或条形,扁平,背腹面色泽相似;种皮薄,有皱纹;种子腹面中下部有种脐,种脐上具发芽孔;种子两端翅状,有白色长丝状毛,无胚乳;子叶2片,质较厚,略有柄。

种子萌芽出土后,子叶2片,对折,出土后张开,近于平展,长1.1～1.3 cm,宽0.5～0.7 cm,表面灰绿色,背面浅绿色,略被毛。子叶柄长0.5～0.4 cm,上胚轴长0.8～1.1 cm,粗0.1 cm,灰绿色。真叶与子叶交互对生,广披针形,叶面浅绿色,略有光泽,并有稀疏短毛,基部边缘有1～3个波状钝齿,叶缘具有排列整齐的锯齿,呈刺状。

楸树苗木的根系,因繁殖方法不同而有明显的差异。播种苗主、侧根明显,主根垂直向下,侧根分层着生;埋根苗主、侧根较为明显,根系主要集中于母根的两端,上端较少较细,下端较多较粗;梓砧嫁接苗主根明显,侧根多而粗壮,与主根近垂直着生,向四周呈水平分布,逐渐向地下延伸。

楸树为主根明显的深根性树种,但在土层瘠薄的山地,主根向下生长时受到限制,侧根发达。山东省海阳市徐家店镇矮槐树村有一株土层较薄、下部为页岩立地条件的28年生楸树,其主根不明显,入土深度仅50 cm,且发育不良,而侧根在土层和岩石交界处向四周延伸,根幅达15 m²。在土层深厚的豫西黄土丘陵区崖边生长的楸树,在地表以下30 cm范围内无侧根,在1.0～1.5 m处有3条粗15～20 cm的侧根沿水平或稍向下倾斜方向,向崖壁土壤中延伸,主根明显,粗11.3 cm,垂直向下伸展达4.8 m。

二、生态学特征

楸树寿命长,自花不孕,一般可生长数百年。例如潍坊市范公亭保存的2株宋朝楸树至今仍能开花,风姿犹存。楸树的侧根发达,属深根性树种,耐烟尘、抗有害气体能力强,其萌蘖性强,发芽晚,落叶迟。楸树是喜光树种,幼苗期稍耐庇荫,较耐寒,适生于年平均气温10～15℃、年降水量500～1 000 mm的地方。要求深厚、肥沃而湿润的土壤环境,忌干燥瘠薄及水湿的土壤。

1. 对光照的要求

楸树是喜光树种,幼苗在刚出土时耐荫,但长到20～30 cm高后需要较多的光照,否则生长不良。在河南省洛宁县河磨头村一农家院内生长的3株23年生楸树,土质等其他条件均相同,由于生长位置不同,每株得到的光照不同,生长量有很大差异。生长在最南边没有遮阴的一株,胸径34.7 cm,树高18 m;另一株在西边,它的南方有高大树木,有短时间遮阴,胸径27.7 cm,树高16 m;而生长在院中间的一株,西、南两侧每天都有4～5个小时遮阴,胸径仅12.7 cm,树高7.2 m。因此,造林时要注意选择光照充足的地方,山地要选择在阳坡、半阳坡,造林后及时清除上层树木。林分郁闭后,适时间伐,保证林内有充足的光照。

2.对水、热条件的要求

楸树喜温暖、湿润,不耐极度干旱和水湿,适生于年平均气温10～15℃、年降水量500～1 500 mm的地区。在年平均气温高于20℃或低于7℃,年降水量1 800 mm以上或400 mm以下的地区,低洼积水地和地下水位高于0.5 m的地方不能正常生长。在年平均降水量600～800 mm、平均气温14℃的豫西,楸树不但分布普遍,干形也好。在适宜的立地条件下楸树生长迅速,高度年均增加80～120 cm,年平均胸径生长量达1.5～2.0 cm,胸径连年生长量最大可达2.5～3.0 cm,树高可达31 m。而在山西省西北部的河曲县,年平均气温8.8℃,楸树虽能生长,但很缓慢,树高年平均生长量0.22 m,胸径年平均生长量0.5 cm,干形也不好。

在适生条件下,水是楸树生长最重要的因素。水分充足,生长速度就快;水分不足,生长速度就慢,甚至不能生长或死亡。河南省洛阳市郊区白马寺镇油王村有两株楸树相距仅30 m,一株20年生的楸树生长在水分条件充足的地方,树高13.2 m,胸径28.7 cm,材积0.431 m³;另一株31年生的楸树生长在门前场边,水分条件差,树高12.3 m,胸径28.7 cm,材积0.387 m³。1987年春季洛阳市林业科学研究所营造了两片楸树试验林,立地条件一致,苗木来源相同,规格一样,同为梓砧嫁接的金丝楸和白花灰楸,一片造林时浇透水,芽萌动时又浇了一次透水,造林成活率达94%;另一片造林时只浇了压根水,芽萌动时没有及时浇水,成活率仅为53%。足见水分对造林成活率的影响是十分明显的。

1984年春天,洛阳市林业科学研究所在试验林场和白马寺门前分别栽植了一片就地移植梓砧、就地嫁接的楸树林,嫁接后,一片经常保持较充足的水分,另一片水分供应不及时,结果嫁接成活率和苗木生长量有很大差别。水分充足的苗木成活率为82.3%,苗木高平均增加1.78 m;水分供应不足的苗木成活率仅为57.2%,苗木高平均增加1.46 m。尽管水分在楸树生长过程中是重要的,但水分过多对其生长的不利影响也是十分明显的。江苏省连云港市拉八架沟口山中上部,坡度5°~10°,海拔100 m,土壤、坡度、海拔等各种立地因子皆适宜楸树生长,但由于三面较高,渗透下来的水使造林土壤含水量过大,致使楸树生长不良,17年生楸树平均高6.2 m,平均胸径6.84 cm,年平均高增加0.36 m,年平均胸径生长0.43 cm。

楸树在短期渍水的条件下比泡桐等树种较耐水湿。1985年8月大连市林业科学研究所营造的一片楸树试验林,林地积水达24天之久,除个别植株部分叶片发黄外,其他均能正常生长,而附近栽植的泡桐全部落叶。同年,河南省沈丘县因雨水过多,不少地方积水成灾,全县近40万株泡桐被水淹死,但楸树仍能正常生长。因此,楸树具有一定的耐涝性。

3. 对土壤的要求

楸树喜爱深厚、肥沃、疏松的中性土壤,对土壤要求不严格,有一定的适应能力,可在含盐量低于0.1%的轻盐碱土上生长,但应在土层深厚肥沃、疏松湿润、排水良好、光照充足的地方建圃。

楸树不同的自然变异类型,对环境条件的要求也是不同的。心叶楸、光叶楸、灰楸等类型较耐干旱、瘠薄,也耐一定程度的黏质土壤,但忌水湿,在土层深厚肥沃、土壤疏松的坡地生长良好,在水分过多的地方生长不良。长果楸、圆基长果楸、梓楸等类型耐一定程度的水湿条件,不耐干旱、瘠薄,在河川和水分较充足的沟地生长较好。河南省三门峡市陕州区菜园乡河川地上生长的长果楸,长势旺盛,18年生大树年平均胸径生长量在1.2 cm以上,年平均高生长量在0.5 m以上。生长最好的一株18年生楸树,胸径30.6 cm,树高10.3 m。所以在造林时要注意按楸树自然变异类型的特性选择造林地。

三、楸树的生长特性

楸树老品种的幼树生长较慢,8～10年以后生长加快。据王月海等2004年对莱阳楸树丰产林的测定,22年生的楸树(167株/hm²)在河潮沙壤质地的生长环境中,平均胸径33.5 cm,平均树高16.0 m。而山东省林业科学研究院楸树品种选育课题组试验测定,新品种良种鲁楸1号、鲁楸2号六年生时,胸径分别为12.9 cm和11.9 cm,树高分别为9.1 m和9.6 m。由此可见,新品种良种楸树前期生长还是较快的。

楸树播种苗生长较慢,一年生播种苗高50～100 cm,二年生播种苗高200 cm以上;埋根苗当年苗高1.2～1.6 m,地径1.5～2.0 cm;嫁接苗生长快,当年苗高可达3 m以上,地径达3 cm以上。播种苗年生长的速生期为6月下旬至9月初,嫁接苗年生长的速生期为6日上旬至9月上旬。

楸树寿命长,120～150年的楸树各地都有生长。在一般栽培条件下,楸树生长速度中等。树高5年以前增加较慢,年生长量0.3～0.5 m;6～25年增加较快,年生长量0.5～1.0 m;30年后生长量显著下降。胸径生长7年以前较慢,年生长量0.5 cm左右;8～30年生长较快,年生长量0.6～1.5 cm,最大2.5 cm;30年后胸径生长缓慢下降。材积生长一般从第10年开始加快,20～25年为高峰期;较差的立地条件,30年以后材积生长量逐渐下降,较好的立地条件,40～50年仍保持较旺盛生长。30年生的楸树,树高一般15 m左右,高的达20 m,胸径一般25～30 cm,单株材积0.3～0.5 m³。

楸树生长受立地条件和栽培措施的影响,在土壤比较干燥、瘠薄的地方,速生期持续年限较短,总生长量较低;在土壤湿润、肥沃的地方,速生期持续年限较长,总生长量较高。选择适宜的立地条件,采用农林间作和灌溉、施肥等丰产栽培措施,楸树的速生年限提前,生长量明显提高。如莱阳市吕格庄镇在轻壤质潮土上营造的楸树丰产林,每公顷500株,林龄21年时平均树高14.4 m,平均胸径32.1 cm,单株材积0.463 m³,每公顷蓄积量231.5 m³,年平均生长量11.02 m³/hm²。嘉祥在山前台地中壤质潮褐土上营造的楸树丰产林,林龄8年时平均树高8.3 m,平均胸径14.7 cm。莱西市店埠镇的金楸丰产林,林龄7年时平均树高10.2 m,平均胸径达17.5 cm,蒙阴县坦埠镇的12年生金楸行道树,平均树高11.2 m,平均胸径23.0 cm;12年生银楸平均树高10.0 m,平均胸径23.3 cm。

楸树为深根性树种,主根明显,粗壮的侧根伸入土中40 cm以下。在较干燥、瘠薄的土壤上,侧根水平分布范围广。根蘖和芽萌发能力都很强。楸树枝叶较稠密,冠幅较小,成龄楸树冠长10 m左右时,冠幅3 m左右。楸树根深冠窄的特性适合农林间作。

楸树是异花(或异株)授粉植物,单株树木或同一无性系生长在一起,由于自花的不亲和性(即花粉在柱头上不能发芽或发芽后不能授粉的特性),往往开花不结实。两株楸树实生树或不同无性系的单株生长在一起,经过昆虫传粉,便能结实。

四、楸树物候学特征

物候是指植物为了适应气候条件的节律性变化而形成的与此相应的植物发育节律。生长发育正常的楸树,在整个生命活动过程中,随着气候变化的节律,有规律地交替发生着萌芽、展叶、开花、结果、落叶等物候现象。这些物候现象又受各种环境因素的影响而发生变化。掌握楸树的物候学特性,对于正确制定各项造林、营林措施,开展选种、育种及病虫害预测预报工作都具有十分重要的意义。

楸树在不同地区的物候特征有所差异,不同年份的物候期亦有差异,现以青州市2000～2010年10年期间楸树的物候特征为例表述。

(一)芽萌动期

在枝条上芽萌动的顺序是先上后下,幼龄植株上是先外后内。按其外部形态特征,分为初萌期、开放期两个时期。

1.芽初萌期

3月上旬气温不断升高,日平均温度较稳定地达到4～

6℃时,楸树冬眠的芽鳞渐渐由灰褐色变为灰白色,微显突起,进而鳞片由灰白色变为褐色,开始出现小裂纹。

2.芽开放期

3月底至4月初,气温上升到10～15℃时,芽鳞片由褐色变为红褐色、绿褐色,鳞片张开,露出棕褐色的叶片。起初膨大的芽体呈馒头状,横径大于纵径;经过4～7天生长,纵径逐渐伸长,成为椭圆形;之后纵向生长缓慢,横向生长加快,紧抱的芽鳞片被横向的生长力撑开,进入芽开放期。从初萌期到开放期需20～30天。

(二)花序形成期

楸树第1次开花,一般需7～10年。嫁接繁殖的楸树,因接穗发育阶段不同,开花有早有晚,有的嫁接植株当年即可开花。花芽着生于当年生新枝条的顶端,是一种变态的枝,伴随着枝条生长而生长。楸树开花期包括现蕾、始花、盛花、末花四个阶段。

1.现蕾期

楸树的芽为混合芽,洛阳在4月10日前后,气温上升到13～16℃时,芽逐渐由黄绿色变为红褐色,呈现出球形的花蕾。随着温度升高,花蕾膨大,4月中旬花蕾基本全部形成。

2.始花期

4月下旬,花序原基迅速生长,不断分化出一轮轮小花原基。随着花序轴的伸长,小花原基从一个平面逐渐分成

2~3层3朵小花,呈正三角形排列。层与层之间是互生关系,与叶片排列方式相同,在同一株树上,上部和下部、外围和内膛,花开的顺序相差4~6个小时。花朵开放时间在上午10时以后,随着气温的升高陆续开放。花有白色、粉红色、淡黄色,初开时鲜艳,花色较深,以后慢慢变淡。

3. 盛花期

花开放后,3~4天即进入盛花期,一般在5月上旬楸树进入花期。通常单株的花期为10~13天,林分花期持续15~17天,70%以上的花蕾展开。花开的第2天雄蕊成熟开裂,花药开始散落。盛花期的日平均气温为14~18℃,有木蜂、蜜蜂、蚂蚁等昆虫于花间采蜜采粉。

4. 末花期

楸树花朵开放约6天,花瓣即开始脱落,落花期5~7天。花期的长短与气温、湿度有关,如果遇高温、天气干旱,花期提前,时间缩短,相反花期会推迟,时间也会延长。与正常花期相比,会提前或推迟5天左右。

(三)果实生长发育期

楸树自花不育,单品种(无性系)自然状态下很少结果,需要人工辅助授粉。5月上中旬人工授粉后5~6天,授粉不成功的子房脱落完毕,剩余的果荚逐渐膨大、伸长;6月份以后,日均温度在30℃左右时,果荚的长度迅速增加;7月进入盛夏,日均温达35℃,果荚的长度变化缓慢,宽度、硬度逐渐增加;8~9月,果荚由浅绿色变为深绿色,且硬度进一步增加;10月以后,果荚由绿色变为褐色,并逐渐失水干枯,此时种子已成熟,但种皮会随着果荚一起失水,种子逐步进入休眠状态;10月下旬至11月上旬,果荚开裂,种子飞散。一般在种荚开裂前采种,以防种子散落。

(四)展叶期

楸树的叶芽和花芽同时生长,4月初叶芽不断伸长,叶片陆续展开,5月中下旬叶全部展开,比花期迟20天左右。叶自展开到全部长成需2个月左右时间。

(五)落叶期

10月下旬以后,气温下降明显,树叶停止生长,叶片由绿色变为淡黄色,下部叶片开始脱落。当日平均温度下降到16℃时,进入落叶盛期,中部和中上部的叶片大量脱落,在降霜和大风之后,上部的叶片全部落光。楸树落叶前的叶片完全变色期不明显。楸树落叶期,因类型不同而不同。

(六)休眠期

11月下旬开始树体进入休眠期,树叶全部落光,树体合成与代谢速度减慢,进入相对缓慢的生长阶段。

第四章

楸树苗木培育

楸树的传统繁殖方法主要局限于播种、埋根及根蘖苗。楸树是自花不孕、结实极少的树种,只有不同种、类型的楸树混栽在一起,才会结种子。每一粒楸树种子,都是不同种类的楸树性细胞减数分裂和两亲本染色体重组形成的杂交种子。所以用种子育出的苗木,往往后代个体间会发生复杂的性状分离或变异。据研究报道,楸树播种育苗,子代分离现象非常严重,其中优质苗5.7%、中等苗53%、下等苗40%,在苗木生长、抗性、变异类型等方面都出现了极显著的差异。所以采用传统的播种育苗,很难保持优良母树的品质。埋根育苗一是成活率不理想,二是满足不了生产的需要。根蘖苗数量有限,也难以满足生产需要。进入二十世纪八十年代后期,开始采用梓砧嫁接法,到目前为止,这项技术已经成熟。用嫁接法繁殖楸树苗,成本低,操作简便,成活率可达90%以上。但生产操作中也出现了良莠不分、品种混杂、砧木优劣不分、嫁接方法不规范(嫁接部位高)等问题,造成某些嫁接苗在生产应用上和楸树生长发育中出现了以下弊端:

(1)易形成"小脚"现象(接口处上粗下细)。

(2)易衰退:第1年生长旺盛(砧木是二年生根系,吸收养分能力强),以后生长慢等。

(3)嫁接苗的根系浅,根幅小,易风倒。

对楸树的发展造成一定的损失和影响,应引以为戒。近几年,在楸树的繁殖方法上,已经把无性繁殖楸树良种转移到无性繁殖良种楸树自根苗上,常用的方法是嫩枝(根)扦插和腋芽组织培养。但这两种方法一是成本和要求的技术含量高,二是楸树嫩枝扦插的技术还不是很成熟,生根率不高。不同楸树品种(类型)扦插生根率存在显著差异,激素的种类、浓度和插穗部位等对扦插成活率有一定的影响,如何筛选出楸树嫩枝扦插的最优方案是亟待解决的问题;组织培养的程序烦琐,也难以用于生产。

目前在楸树繁殖方法上,我国的基本情况是:嫁接苗占70%,播种苗占20%,良种楸树自根苗无性繁殖仅占10%。

一、播种育苗

播种苗是以树木种子作为繁殖材料,通过人为方式播种在苗圃土壤中,就地直接培育而成的苗木。播种育苗是楸树繁殖常用的传统育苗方法。

(一)种子的采集与处理

1. 种子采集

楸树种子成熟期为9~10月,当顶端微裂,果实由黄绿色变为黄褐色或灰褐色时,种子已成熟。应在15~30年生健壮楸树上采种。采摘的果实摊晒晾干,脱粒。楸树的出种率约为10%,种子净度75%~80%,发芽率40%~50%,千粒重4.5 g。尽量选用良种或符合国家种子质量标准的种子,使用的种子都应有产地证明。

2. 种子消毒

为防止苗木发生病害,一般在播种前或催芽前对种子进行消毒,最常用的是硫酸铜和高锰酸钾消毒法。用0.3%~1%硫酸铜溶液浸种4~6 h,或用0.5%高锰酸钾药液浸种2 h,捞出后密封30 min,用清水冲洗后催芽或阴干播种。胚根已突破种皮的种子,不能用高锰酸钾溶液进行消毒,否则将产生药害。消毒后应及时进行播种或催芽,否则会降低种子的发芽率。

(二)整地与土壤处理

1. 整地

楸树种粒小,破土力差,播种苗前期生长慢,应选湿润、肥沃的苗圃,细致整地,施足基肥。播种前整地是在平地、浅耕和耙地的基础上,清除砖石、残根等杂物,使土壤碎化、疏松，浇底水，平整土地，定点画线，然后做床做垄等。播种前整地的具体措施由于不同地区的条件和所培育树种种子的特性而有所不同。楸树播种育苗通常采用低床或高床作业，低床的床面低于畦埂15~20 cm，畦宽1 m，畦长10~20 m，畦埂宽30 cm；高床的床面半床高，床底宽100 cm，床面宽80 cm，床高15 cm，沟底宽30 cm。

2. 土壤处理

楸树播种前，除进行种子消毒外，苗圃地亦应进行杀菌除虫等土壤处理。

(1) 硫酸亚铁（工业用）消毒：每平方米用3%硫酸亚铁溶液2 kg，于播种前7天均匀地浇在土壤中；或每亩撒施20~40 kg硫酸亚铁粉末，在整地时施入表土层中灭菌。

(2) 福尔马林（工业用）消毒：每平方米用福尔马林50 mL，加水6~12 L，在播种前7天均匀地浇在土壤中。浇后用塑料薄膜覆盖3~5天，翻晾无气味后播种。用此法消毒一定要注意药液浓度不可过大。

(3) 五氯硝基苯(75%可湿性粉剂)+敌克松(70%可湿性粉剂)混合消毒：每平方米用4~6 g，混拌适量细土，撒于土壤表层或播种沟中灭菌。此法预防立枯病效果很好。

(4) 代森锌消毒：每平方米用3 g，混拌适量细土，撒于土壤表层中进行灭菌。

(5) 辛硫磷(50%)拌土杀虫：每平方米用2 g，混拌适量细土，撒于土壤中，此药主要起杀虫作用。

(三)播种

1.播种时间和催芽

楸树播种,3月下旬至4月上旬最佳。一般华北地区以4月上旬为宜,如用薄膜、湿床增温保湿,可提前到3月下旬播种。播前苗床要灌足水,条沟撒播,行距20～25 cm,每亩播种量1～2 kg。播后用腐熟的马粪、细湿沙和细土各1/3拌匀过筛后覆盖,厚0.5 cm,以不见种子为宜。覆土后床面架设薄膜小拱棚,既增温又保湿,给幼苗出土和生长创造有利条件。播种前用30℃左右温水浸种48 h,再用3～5倍的湿沙混合均匀,堆在室内催芽,定期洒水保持内外的湿度均匀。经10天左右,有30%的种子裂嘴,即可播种。在恒温箱内催芽时,温度应控制在25～30℃,每天定时用清水淘洗一遍,5天左右即可露白播种。亦可采用层积催芽法,将种子与湿润物(河沙、泥炭、锯末等)混合或分层放置,在一定温度下,经过一定时间,解除种子休眠,促进种子萌发,能够避免播种后发芽迟缓、出苗不齐等现象。

2.播种方法

目前楸树生产上常用的播种方法主要有条播、撒播和点播三种,由育苗技术及自然条件决定。

(1)条播:按一定行距开沟播种,沟深1.0～1.5 cm,行距30 cm,每床2行,播种量每亩1 kg。条播苗木有一定的行间距离,可在苗木生长期间经常进行行间松土、除草、追肥等抚育措施,同时光照和透风条件较好,可使苗木生长健壮,质量较高。

(2)撒播:将种子均匀撒在苗床上,然后覆土。撒播能充分利用土地,单位面积产量高,苗木分布均匀,但管理不便,用工较多。

(3)点播:按一定的株行距挖穴播种,或按行距开沟后再按株距将种子播于沟内。楸树点播时,按行距30 cm开沟,株距10 cm,点播4～5粒种子。

3.覆土、镇压与覆盖

(1)覆土:播种后应立即覆土,覆土要均匀,厚度要适宜。覆土过厚,土温低,发芽晚,幼芽顶不出土,苗木生长不旺;覆土过薄,易干燥,影响种子发芽。覆土厚度一般以相当于种子短径的2～3倍为宜。但应根据气候条件、土壤质地、播种季节等而定,如秋播应比春播覆土厚一些;土壤黏重,种子发芽出土困难的,覆土厚度可比疏松土壤薄。楸树种子小,可用细孔筛筛土覆盖,以不见种子为度。山东省进行旱地育苗,常在播种行上扶垄保墒,增加种子发芽所需的水分,在种子萌芽顶土前再将垄除去。

(2)镇压:覆土以后,利用脚或石滚镇压一遍,使种子与土壤紧密接触,恢复土壤毛细管作用,以供应种子发芽所需的水分。镇压多在旱地应用,尤其是土壤比较疏松的情况。如果播前灌足底水,育苗地又有水分,一般不进行镇压。

(3)覆盖:覆土后用苇席、草栅、鲜枝叶覆盖床面,以减少蒸发,保持湿润,有利于种子发芽。当种子开始发芽时,应及时逐步分次撤除覆盖物。

研究表明,覆盖物不同,苗木之间生长差异显著。其中塑料小拱棚最好,其次为草栅和麦糠覆盖,草帘覆盖较差。

(四)苗期的生长节律与管理要求

1.一年生播种苗的生长节律与育苗管理要求

楸树播种苗生长较慢,一年生播种苗高 50~100 cm,二年生播种苗高 200 cm 以上。播种苗的第 1 年生长过程可分为出苗期、幼苗期、速生期和生长后期四个时期。

(1)苗期:从种子播入土中开始,到幼苗出土长出初生真叶,地下部分出现侧根为止。出苗期一般持续 1~5 周,此时的幼苗嫩弱,根系分布浅,一般多在表土 10 cm 内,幼苗的抗性弱。种子催芽程度、土壤水分、土壤温度及覆土厚度决定种子能否出土、出土的快慢和整齐程度。

出苗期育苗的中心任务是保证幼苗能适时出土,出苗整齐、均匀、健壮。为此,不仅需要做好前面提到的措施,还要注意松土除草和防除鸟兽等工作。此外,出苗前保持土壤湿润、疏松和适宜的温度,对种子发芽、幼芽出土至关重要。只要土壤不干旱,就不要浇水(蒙头水),因为这时浇水反而会使土壤板结,地温下降,不利于种子发芽出土。

(2)幼苗期:从幼苗出土长出初生真叶开始,至幼苗迅速生长之前,一般为3～6周。幼苗期的特点是地上部分长出真叶,但高、茎生长缓慢,地下部分生出侧根,能独立供应营养。根系生长较快,根系活动的土层为10～20 cm,但主要侧根在2～10 cm的上层内。此时幼苗幼嫩,对外界不良环境因子的抵抗力弱,易发生日灼和猝倒病。如遇干旱、炎热、低温、水涝、病虫等灾害,很容易死亡。幼苗期影响苗木生长发育的主要外界因子有水分、养分、气温和光照。幼苗期初期,苗木对养分的需要量不多,但很敏感,特别是对磷、氮。

这一时期育苗的中心任务是在保苗的基础上进行蹲苗,促进营养器官生长,特别是促进根系生长发育,使苗木扎根稳固,为中后期快速生长打下良好的基础,并使成苗整齐、密度合理、分布均匀。为此,在幼苗期须采取的技术措施主要有:适当灌水,喷药防病,严防日灼,合理施肥,加强松土除草,必要时遮阳,以调节光照和温度,还应进行间苗和定苗等。

(3)速生期:从苗木的高生长加速时开始,到高生长速度下降时为止,一般为1～3个月。速生期苗木的主要特点是生长速度最快,生长量最大,苗高生长量占全年生长量的90%以上,并在茎干上长出侧枝,根系也旺盛生长,营养根系主要分布在40 cm以内的上层土中,主根长可达0.3～1.0 m。速生期影响苗木生长发育的因子主要有土壤水分、养分、光照和温度等,我国初夏干旱和炎热,最高气温常达30～35℃,苗木常在此时出现生长暂缓现象。而到夏末秋初,雨季来临,水分充足,气温又不太高,生长速度又逐渐上升。因此,在整个速生期会出现两个速生阶段。如果在干旱炎热时加强灌溉、施肥及其他措施,则可消除或缩短这种由于不良外界环境条件造成的生长暂缓现象。

速生期育苗的中心任务是在继续保苗的基础上采取一切加速苗木生长的措施,这是提高苗木质量的关键。需要采取的措施主要有追肥、灌溉、除草松土及防治病虫害等。

(4)生长后期:从苗木的高生长速度显著下降开始,到苗木地下部分停止生长为止。生长后期的特点是苗木生长速度减慢,高生长量仅为全年生长量的5%左右,最后停止生长。在这个时期,苗木已经形成冬芽,苗木组织逐渐木质化,并形成健壮的顶芽,苗木地下部分由起初的缓慢生长到最终停止生长进入休眠,以增强苗木的越冬能力。

这一时期育苗的中心任务是停止一切促进苗木生长的措施(包括灌水、施肥、松土),设法控制苗木生长,做好越冬防寒的准备工作,特别是播种较晚、易遭早霜危害的苗木更应注意。

2.留圃播种苗的年生长节律与育苗管理要求

留圃的二年生及二年生以上播种苗的年生长过程与一年生播种苗不同,完全表现出春季生长型和全期生长型两种类型的生长特点。两种类型苗木的高生长过程和持续期相差悬殊,楸树属于全期生长类型。

全期生长型苗木的高生长全生长季节都在进行,叶子生长、新生枝条木质化都是边生长边进行,到秋季达到充分木质化,以备越冬。

根据留圃苗在每个年生长过程中的特点,可分为生长初期、速生期和苗木硬化期三个时期。

(1)生长初期:从冬芽膨大时起,到高生长量大幅度上升时为止。生长初期苗木的高生长缓慢,根系生长较快,持续期1~2个月。生长初期苗木对肥水要求多,且要求充足的光照,故在生长初期要及时进行追肥、灌溉和松土等工作。第1次追肥应在生长初期前半期进行,并要给苗木创造充足的光照条件。

(2)速生期:从苗木高生长大幅度上升时开始,到苗木高生长大幅度下降时为止。与一年生苗木的速生期相同,在速生期,地上部和地下部的生长量都最大,但高生长不是直线上升的。由于营养物质分配等原因,高生长一般出现一次生长暂缓期。在暂缓期高生长速度显著减慢,故形成2~3个高生长高峰。

速生期苗木对环境的要求与一年生播种苗相同,育苗管理的技术要求可参考一年生播种苗,也要注意苗木在速生期后期不要施氮肥。

(3)苗木硬化期:从苗木高生长大幅度下降时开始,到根系生长停止为止。苗木硬化期的生长特点与一年生播种苗相同。

(五)抚育管理措施

楸树播种苗抚育管理,要根据苗木的生长规律、各个时期的生长特点采取相应的抚育措施,内容包括遮阴、灌溉与排水、追肥、松土除草、移植、病虫害防治、苗木防寒等。

1. 遮阴

为了使幼苗避免强烈的直射光,降低地表温度,防止苗木根茎遭日灼损伤,降低苗木蒸腾和土壤蒸发,保持温度,减少鸟虫危害,防止盐碱地土壤返盐,改善苗木的生长条件,要在幼苗出齐前对苗床进行覆盖。

(1)搭荫棚遮阴:搭荫棚多在水平或倾斜方向上进行上方遮阴,前者高一般为 40~60 cm,后者北高南低,北面高 50~70 cm,南面高 30~50 cm。搭荫棚的材料就地取材,先用竹竿或细木条按上述规格搭设棚架,然后在棚架上覆盖苇帘或鲜枝叶。这类荫棚遮阴效果理想,但成本较高。

(2)插树枝遮阴:利用不易落叶的鲜树枝,按一定密度斜插在苗床南北两侧。树枝长度 50~80 cm,长的斜插在南侧,短的插在北侧,两列树枝梢头相接,亦可用稍长一些的树枝只斜插在苗床南侧。这种方法成本低,简便易行,但是苗木管理不便。

搭荫棚或插树枝,要有均匀的透光度,一般50%左右为宜。每天遮阴时间从上午九时至下午四时,早晚、夜间及阴雨天不要遮阴。随苗木生长,逐步缩短遮阴时间,加大透光度,苗木生长健壮后可撤去荫棚。

如果育苗所在地区的气候比较凉爽,空气相对湿度较大,育苗地有灌溉条件,能经常保持湿润,亦可进行全光育苗。

2. 灌溉与排水

楸树的种粒较小,在播种后至幼苗出土前,一般不适合大水浇灌。但为了保持土壤湿润,提供足够的萌发水分,要经常喷洒床面。幼苗期苗木组织幼嫩,根系小而少,对土壤水分敏感,此时浇水的要求是少量多次。进入速生期苗木的需水量逐渐增加,浇水要次少量多,每次灌溉要浇透。水分可使肥料成为溶液状态,便于苗木吸收。土壤湿度适宜,微生物活动旺盛,有机物分解加速,土壤肥力提高。炎夏灌溉还可以防止地温过高,所以合理灌溉是促进苗木生长的重要措施之一。

3. 松土除草

松土除草是楸树抚育工作的重要内容。在苗木生长期间,苗圃地由于雨水、灌溉等原因,表层土壤变得紧实板结,这样就会加速土壤水分蒸发,影响土壤的渗水性能,而且使土壤的通气性不良,影响楸树根系生长发育。松土可使土壤疏松,保蓄土壤水分,减少土壤水分的蒸发,改善土壤的通气条件。

4.间苗与补苗

当楸树幼苗长出 2~3 轮真叶时,常有出苗过密或不均匀的现象,需进行间苗与补苗,调整密度,使苗木所占营养面积均匀,生长整齐而健壮。间苗分 2~3 次进行,第 1 次间除过密、生长不良、发育不健全以及有机械损伤、受病虫危害的苗木;第 2 次间苗在第一次间苗后一周进行,除了第 1 次的对象以外,还可拔除影响其他苗木生长的个别特大苗木;最后一次间苗稍高于计划产苗量进行定苗。每次间苗不应过多或过少,以留下的苗木分布均匀、枝叶不相接触为宜。若播种量适当,出苗均匀,间苗 1~2 次就可定苗。在间苗的同时,过稀或缺苗的地段应进行补栽。间苗后要及时浇水,以免形成土壤空隙,透风漏墒,影响幼苗成活和生长。

5.苗木追肥

苗木施肥应以底肥为主,辅以追肥。追肥应以速效性肥料为主,分期追施,看苗巧施,根据苗木不同生长时期对营养元素的需要来控制肥料的用量和种类。在生长初期,应以氮肥、磷肥为主;在速生期,应磷、钾适当配合;生长后期则应以钾肥为主,停止施用氮肥。苗木生长后期生长量大幅度减少,组织逐渐充实,此时要停止肥水供应,促使苗木木质化,多生吸收根。

6.病虫害防治

楸树在生长过程中常受病虫危害,必须做好病虫害防治工作,要从育苗技术、经营管理上采取综合防治措施。

如秋冬翻地、轮作换茬、土壤消毒、精选良种、种子消毒、合理施肥、适时早播、及时抚育等综合措施,使苗木生长发育健壮,提高苗木本身的抵抗力,以减少病虫害的发生和蔓延。

7.其他灾害防除

在山东省,楸树的其他灾害主要是苗木冻害。山东省冬季气候寒冷,春季风大干旱,气温变化剧烈,对苗木的危害很大。为保护楸树免受霜冻和生理干旱的危害,需对幼苗进行防寒。

二、埋根育苗

楸树结实少,萌蘖力强,因而生产中常采用埋根育苗的方法。楸树埋根育苗也称为插根育苗,是我国历史上采用较早而一直沿用至今的一种育苗方法。埋根育苗生产工序简单,易于掌握,便于推广。

(一)埋根育苗的方法

1.斜埋法

容易区分上下头的根穗用斜埋法。斜埋时大头向上,小头向下,斜放成45°角。根的下端要与土壤密接,不能悬空,根的上端要与地面相平,埋好后用土压实,然后再覆土1 cm。在干旱地区,可培土成垄,高15~20 cm,芽刚萌发时扒开土垄,但不能伤芽。

2.平埋法

辨别不清上下头的根穗用平埋法,开沟,将根穗按株行距平放入沟内,覆土 1.0～1.5 cm,压实。

3.直埋法

先挖坑松土,把根穗竖直插入坑中,注意正向插入,切勿倒插;再用手把土压实,使根穗与土壤密接。根穗插栽深度与发芽、芽成苗有很大关系,一般上端应高出地面 2 cm 左右或与地面相平。低于地面过深时发芽困难,或不能发芽(低于地面 10 cm 左右)。插实后上面盖土 1～2 cm。

在缺墒的地区,封土前浇一次水,埋根后到出苗前不浇水。土壤过于板结,影响萌芽出土时,可适当灌溉和松土。

(二)苗圃地的选择

苗圃地应选择地势平坦、灌溉方便、土层深厚、土壤肥沃、质地疏松的壤土或沙壤土。苗圃地要深翻细耙,平整细碎。无灌溉条件冬季有雨雪的地区,应提前深翻不耙,冬季冻垡,以利于风化、积雪蓄墒、杀死病虫等,育苗前浅耕细耙,最后整地做床。结合整地施足底肥,每亩 5 000 kg 有机肥,施入呋喃丹 2～3 kg 和其他农药,防治根结线虫及其他地下害虫。

苗床根据各地的实际情况可以做成低床、高床和垄床三种。从育苗效果看,垄床较为理想,原因是垄床高于地面,透气性好,容易提高地温,苗床侧面浇水,地表不会板结,有利于种根的新根萌发和幼苗出土,成苗率较其他作业方式高。垄床的规格是:底宽 70 cm,上宽 30 cm,垄高 20 cm。施腐熟土杂肥 45 000～75 000 kg/hm^2、硫酸亚铁

75 kg/hm²、辛硫磷 30 kg/hm²,进行消毒、杀虫。深耕细耙,平整土地。采用低床,床面宽 1.0~1.2 m,床埂宽 40 cm,床面低于床埂 15~25 cm。或用塑料小拱棚式播种床。

(三)根穗的采集和处理

种根最好选用苗圃地的一年生根,采挖幼树或者壮龄树的根,一定要注意选择幼嫩根为种根。采根时间很重要,不同时间采集种根,成活率有明显差异,可在秋末树木落叶后至翌年春季树木开始萌动以前进行。12月下旬至翌年2月底这段时间采集的种根成活率高,3月份以后树液开始流动,根系贮藏的养分已向上转移,所采种根的养分难以满足幼苗自养期的需要,同时也影响愈合和生根,一般成活率较低,有的甚至不能发芽成苗。

合理选根和剪截根穗,是提高插根苗成活率、合理利用种根资源的有效途径。优良种根的标准是一年生幼根粗 0.6~1.5 cm,剪截长度 12~18 cm,上端平剪,下端斜剪,剪口平滑,不造成根皮挤压。

王建玉等人通过试验发现,根段粗度相同时,不同的根段长度对成活率影响较大,5 cm 长的根段作为育种材料较为合适;根段长度相同时,不同的根段粗度对成活率没有影响;根段粗度相同时,不同的根段长度对高生长影响较大,7 cm、5 cm 长的根段生长较好;根段长度相同时,不同根段粗度对地径生长无影响。

(四)催芽

为了提高楸树根穗的发芽率,插根前应先催芽。在插根前 10 天左右,选择背风向阳的地方挖深 30 cm、宽 70 cm 的催芽坑,长以根穗数量的多少而定。坑底铺放湿沙(含水量 15%～20%),将根穗每 50 根扎成一捆,竖直排放于沙中(大头朝上),中间用湿沙填充,然后在根穗部覆盖 1～2 cm 厚的湿沙。有条件的底部铺一层马粪,催芽效果更佳。坑上用塑料薄膜覆盖,以提高和保持坑内温度和湿度。经 7～10 天,大部分种根开始露白发芽。冬前采集的种根,在室内混湿沙堆藏,也能起到慢性催芽的作用。

据试验,根穗催芽后,出土时间较不催芽的提前 10～17 天,且出苗整齐,成苗率提高 16%。生长量也有显著差异,催芽处理的苗木高生长量为不催芽的 142.3%。

(五)埋根苗管理

根穗插栽结束后,有条件的床面可用地膜覆盖,这样保温、保湿效果更佳。据试验,插栽后用地膜覆盖的苗木,高、径、根系分别比对照苗大 68.2%、42.8%、77%。

楸树埋根后,在苗木出土以前一般不需浇水,只进行浅耕除草。地膜覆盖的苗木,根穗开始发芽冒绿时,要及时破膜露苗,培土压实,防止膜内高温灼苗。苗高 10 cm 左右时要及时除蘖,剥芽定干,每个种根只留一个长势旺、发育好的萌发条。随后结合中耕,给苗木根部培土,促使其多生根。

楸树埋根苗生长快,需水量也多,要根据墒情及时浇水。苗木出土前,苗圃地缺墒时,高床和覆盖地膜的苗床,开边沟引小水侧方浸灌,以保证新根分化期的土壤湿度。4月底至5月上中旬苗木陆续出土,这时正值北方春旱季节,气候干燥,蒸发量大,应及时浇水,保证苗木安全度过干旱时期。6月上中旬苗木进入速生期,加强肥水管理、及时中耕除草对加快苗木生长起着决定性的作用。在7月份苗木速生期,对一些细弱的苗木除加强肥水管理外,可采取摘心措施,促使苗干组织充实,为培养壮苗打下基础。

(六)苗木分级

埋根苗分级标准如下表。

楸树一年生苗木质量等级表

等级	地径(cm)	苗高(m)	根系	苗干木质化程度	病虫害
Ⅰ	≥2	≥2	发达、完整	灰绿色,完全木质化	无楸螟、根结线虫危害
Ⅱ	1.5~2.0	1.5~2.0	发达、完整	灰绿色,完全木质化	无楸螟、根结线虫危害
Ⅲ	1.0~1.5	≤1.0	较发达、完整	青绿色,未完全木质化	彻底修剪后达到生产需要

三、嫁接育苗

嫁接是利用植物的再生能力使接穗和砧木形成一个新的植株。嫁接成活的关键是接穗和砧木形成层紧密结合,两者结合面越大,越易成活。影响嫁接成活的主要因素有砧木和接穗的亲和力、砧木和接穗的质量、外界环境条件、嫁接技术及嫁接后的管理等。

楸树嫁接一般使用梓树作为砧木,主要是利用梓树结实多、繁殖容易、根系大等特点。嫁接后苗木的适应性和抗逆性,特别是速生性得到了充分表现。一年生苗木最高可达5 m,地径6 cm,苗木的生长量和质量都高于埋根苗。楸树嫁接因操作技术简单、经济效益显著等特点得到广泛推广,加速了楸树良种的普及与推广。

(一)砧木的培育

1.采种

楸树嫁接育苗主要采用梓树作砧木,采种时选择优良的成年梓树作为采种母株,9～10月待果实由青变黄后摘取果实,净种阴干,装入布袋内,在背阴通风处保存。

2.苗圃地选择

应选择地势平缓、交通便捷、土层深厚肥沃、灌溉方便、排水良好的沙壤土作苗圃地。

3.整地与做床

整地前每亩施2 500 kg有机肥作底肥,做到深耕细耙,地平土碎,做成1.0～1.2 m宽的低床。

4.播种时间

3月上旬至4月下旬根据土壤墒情适时播种。

5.种子处理

先用湿沙把种子上的绒毛搓掉,用0.5%高锰酸钾溶液浸种消毒 30 min,然后用清水将药液冲洗干净,放入 40℃温水中浸种 24 h,捞出晾去水分,混拌 3 倍湿沙,放于温室进行催芽。定期洒水翻动,当种子有 30% 露白时即可播种。

6.播种方法

批量播种时采用大田直播,干旱地区或种子较少时可采用塑料小拱棚播种。

(1)大田直播:开沟条播,沟深 1~2 cm,行距 30 cm,播种时深浅一致、撒种均匀,播种量为 2~3 kg/667 m^2,用细土覆盖,厚度 0.5 cm 左右,播种后用细碎的植物材料或塑料薄膜覆盖。

(2)塑料小拱棚播种:棚高 50 cm,床宽 100 cm,长度据需要而定。播前床面先浇水,落水后在床面上均匀撒播种子,播种量为 800~1 000 粒/m^2。筛细土覆盖种子,厚度 0.5 cm 左右,以微埋种子为度,然后盖好薄膜,增温保湿。

7.砧木苗管理

覆盖物为塑料薄膜的,出苗后应及时破膜放苗,防止出现高温烧苗现象;覆盖物为细碎植物材料的,应注意观察出苗情况,分期分批撤除覆盖物。若干旱,要及时小水浇灌。待幼苗长出 2~3 轮真叶时,大田直播苗要及时进行间苗,拔除生长过密、发育不良的瘦弱苗,保持株行距为 (8~10)cm×30 cm,间苗后及时浇水。塑料拱棚育苗要及时通风炼苗 7~10 天,进行大田移栽,移栽密度为 10 cm×30 cm 或 15 cm×30 cm。

苗高 15 cm 以上时追肥,一般在 6 月中旬和 7 月上旬各施尿素一次,8 月上旬施复合肥一次,施肥量为 150～300 kg/hm^2。

当苗木高度达 50 cm 时进行掐顶处理,促使苗径生长。同时要及时进行中耕锄草、灌溉、病虫害防治等管理措施。

8.砧木质量分级与选择

(1)砧木的选择:选择地径在 0.8 cm 以上,苗干通直、生长健壮、充分木质化、根系发达、无检疫性病虫害的 1～2 年梓树苗。

(2)砧木质量等级分级:砧木质量由苗高和地径指标确定,砧木分级以地径为主要判别标准,分级后要做好等级标识。

砧木分级标准

砧木种类	苗木种类	苗龄(年)	质量等级					
			Ⅰ级		Ⅱ级		Ⅲ级	
			地径(cm)	苗高(cm)	地径(cm)	苗高(cm)	地径(cm)	苗高(cm)
梓树	播种苗	1	≥2.0	≥80	1.0～2.0	50～80	0.8～1.0	≤50
		2	≥2.0	≥100	1.0～2.0	70～100	0.8～1.0	≤60

(二)良种采穗圃的建立

规模化育苗应建立专业化良种采穗圃,采穗圃的面积按苗圃地的 1/10 设置。

1.采穗圃材料的选择

选用适应本地条件的优树或优良无性系(品种)作采穗圃建园材料。

2.采穗圃定植密度及树形管理

采穗圃株行距 1 m×1.5 m,定植后距地面 20 cm 截干,芽萌动后保留 3~5 个侧芽,5~6 月打顶摘心促发新枝。母树采用无主干丛状树形进行控制管理,每年入冬保留 2~3 轮芽对主侧枝进行回缩,促发侧枝作为接穗。

(三)嫁接

1.接穗采集

采集生长健壮、芽体饱满、无病虫害、完全木质化的当年生健壮枝条。少量育苗随嫁接随采,批量育苗可在秋末落叶后到翌年春发芽前采集接穗。采穗时,要分品种、无性系采集,将采好的穗条剪成 50~70 cm 长,按粗细分级,每 50 根扎成一捆,挂上标签,并注明无性系号或优良母株编号,记录采集地点、时间、采集人。

2.接穗保存

采集好的接穗,用湿沙(湿度 60%)室外贮藏或用塑料袋包装贮藏于冷库中,温度控制在 0~5℃。在贮藏期间要经常检查穗条的保存情况,注意调节温度和湿度,确保接穗新鲜,以防失水和萌发。

3.砧木定植

嫁接前 20~30 天定植砧木,密度以 2 500~3 000 株/

667 m² 为宜,培育大苗时密度可控制在 2 000 株/667 m²。定植后浇两次透水,促使砧木苗木成活。嫁接前一周根据墒情及时浇水,以利于嫁接成活。

4. 嫁接时间

枝接在冬季和春季均可进行。利用冬季农闲,挖出砧木在室内嫁接,嫁接后于室内或窖内混湿沙堆放贮藏,促使接口愈合。早春解冻后,将嫁接好的苗木定植到苗圃地里,株行距 40 cm×100 cm 或 30 cm×100 cm,每亩 1 500~2 000 株。春季嫁接在 3 月下旬至 4 月上旬树液开始流动、芽膨大时进行,"清明"前后最好,此时砧木已经离皮,便于袋接。嫁接前先浇一次水,保持土壤湿润,嫁接时要随平茬随嫁接随封土。枝接成活率高,一般可达 90% 左右。芽接在春季树液流动旺盛期进行,也可以延长到生长季节。

5. 嫁接工具和用品

(1)刀具和手锯:刀具包括芽接刀、切接刀、电工刀、劈接刀、小镰刀及剪枝剪等,要求锋利。刀不锋利,不但操作困难,而且削不平,伤口细胞死亡多,影响嫁接成活。手锯锯齿要左右分开,以防夹锯,影响操作。对于粗壮的接穗以及木质硬的接穗,可以放在自制的切削槽内,这样比较省力并容易削平。

(2)塑料薄膜:不能用破损、老化失去弹性和拉力的薄膜,必须选用伸缩性好、不易拉断的新薄膜。现在有专门用于嫁接的聚氯乙烯薄膜,不但弹性好,而且自黏性好。

塑料条的宽度根据嫁接方法而定,如春季枝接用塑料条,宽度要剪成砧木直径的1.5倍,保证把接口包严。

(3)熔蜡锅和石蜡:蜡封接穗用。

6.嫁接方法

李文强等人的试验表明,选择大规格砧木培育的嫁接苗,地径和苗高都明显大于中规格砧木和小规格砧木,并且差异都达到极显著水平。大规格砧木培育的嫁接苗,地径和苗高比小规格砧木分别高出69.57%和34.09%;中规格砧木培育的嫁接苗,地径和苗高都大于小规格砧木,其中地径有显著差异,苗高差异不显著。可能原因是大规格砧木可以为接穗提供较为充足的水分和营养,有利于嫁接苗更好地生长。因此,在带木质部芽接过程中,应优先选择地径1.8 cm以上的大砧木。

不同砧木对嫁接苗生长量的影响

砧木	地径(cm)	苗高(m)
大(地径>1.8 cm)	1.56±0.19aA	2.36±0.11aA
中(地径1.2~1.5 cm)	1.11±0.17bB	1.93±0.26bB
小(地径<1 cm)	0.92±0.19cB	1.76±0.23bB

楸树常用的嫁接方法有劈接、袋接和单芽贴接三种,袋接比芽接成活率高,劈接比袋接好。

(1)劈接:先将砧木基部土壤扒开,露出根,用修枝剪在根茎平滑处剪断,削平剪口,用接树刀沿髓心垂直劈切3~5 cm深;再选粗度相当的接穗,在芽上1 cm处平剪,芽下3～5 cm处剪下，两侧各削成2.0～2.5 cm长的楔形削面，与砧木形成层相接的外侧应稍厚，与砧木木质部相接的内侧稍薄，以便于砧木嵌紧。嫁接时，一手用刀插入砧木切口，另一只手拇指和食指捏紧接穗，一边拔刀一边将接穗插入，注意接穗和砧木的形成层要对齐。若砧木和接穗夹的不牢，可用麻绳或塑料条捆绑，最后用细湿土封一个碗大的土堆。

嫁接技术要点：从枝条上选择适合嫁接的芽，于芽上方1.5～2.0 cm处稍带木质部向下向内斜切一刀，芽下方0.5～1.0 cm处略向下向内斜切一刀至第一刀削面的底部，取下芽片作为接穗。在砧木距地面5 cm处，削一个与芽片等大的切口，将接穗嵌进去，确保接穗和砧木的形成层紧密结合，然后用塑料条绑紧。整个过程要迅速，接穗要随采随接，砧木是就地嫁接。

嫁接后的管理：嫁接后要在嫁接部位套袋，以保持接芽的水分。等到发芽时剪掉塑料袋一角透气，放叶时可去掉塑料袋。嫁接后一般20～30天即可成活，成活后要及时解除塑料条，以免影响生长。对于已经生长有20 cm左右的楸树枝条，地上要插木棍捆扶，防止大风吹折。以后随长随绑，直到嫁接部位长牢为止。苗期要加强水肥管理，并及时除草、松土，还要做好病虫害防治工作。此外，嫁接后砧木上容易发生萌蘖，应及时去除，以免影响接穗成活后的生长。

(2)袋接：当砧木较细时（地径 1.0～1.5 cm），可采用袋接。先扒开砧木基部土壤，使之露出根际，在距根茎上方 2～3 cm 处将砧木斜剪成马耳形，并修平。选用略细于砧木的接穗，在芽上 1 cm 处和芽下 3～4 cm 处剪下，上剪口要削平，下端削成 2 cm 长的马耳形斜面，削面要平滑，不要使削面末端皮层与木质部分离，同时把削面末端背面的皮层削去少许，不要露出木质部；然后用左手食指和拇指捏紧砧木皮层，从斜面下部向上部推挤，使砧木皮层与木质部分离成袋状，右手将削好的接穗削面朝外迅速插入袋内（注意接穗和砧木斜面相同）。推时不要用力过大，否则易插破砧木皮层，影响成活。接上后，用疏松的湿土围住接口部位，使湿土与接口紧密接触。随后封一土堆，以刚埋住接穗为度。

(3)单芽贴接：楸树和梓树亲和力强，愈合快，丁字形芽接砧木往往将接芽包住，不能发芽，而单芽贴接效果较好。嫁接时，先在接穗芽的下方 1 cm 处横切一刀，深达木质部，然后从芽的上方 0.5 cm 处斜切一刀深入木质部，再从芽两侧向下竖直切至芽下切口，使芽呈方块状，取下芽片。在砧木离地面 4～8 cm 处的北面，选光滑部位，照上述方法削一同样大小的切面；然后迅速将芽片与切面对齐，注意上方切口处形成层要密接，用塑料条绑扎，露出接芽。山东省海阳市采用的带木质部全包芽接与此方法相同，嫁接时间长，成活率高，尤其在干旱少雨地区应用较为理想。

王华融等人通过多组重复试验,研究不同嫁接方法培育的苗木成活率和生长量。在嫁接成活率上,劈接与插皮接有显著性差异,与芽接有极显著性差异,插皮接与芽接差异不显著。芽接与插皮接培育出的楸树苗木,地径和苗高均存在着极显著差异,劈接与插皮接在苗木高生长方面存在着极显著差异。带木质部芽接培育的苗木成活率为99%,地径3.15 cm,苗高308 cm。春季用带木质部芽接法培育的楸树苗木成活率高,长势好,应大力推广应用。

不同嫁接方法对苗木成活率的影响

方法	嫁接数	成活数	成活率/%
劈接	94	82	87
插皮接	96	94	98
芽接	95	94	99

不同嫁接方法对苗木生长量的影响(单位:cm)

劈接		插皮接		芽接	
地径	苗高	地径	苗高	地径	苗高
2.85	288	229	232	2.78	282
2.56	235	233	207	3.04	298
2.66	252	246	194	2.95	307
2.88	282	230	188	3.15	308

7.嫁接后的管理

(1)成活检查:首先进行成活检查,芽接后2周、枝接后

5～6周接芽愈合成活。若是芽接,叶柄一触即落或芽片保持新鲜,说明嫁接已成活;若是枝接,接穗保持青绿色,说明嫁接成活。没有接活的植株应重新补接。

(2)适时二次剪砧:嫁接后在接芽上20～30 cm处剪去砧木顶梢,以利于接芽愈合生长。7～10天接芽愈合后,在接芽以上1～2 cm处剪去砧木,以促进接芽生长。

(3)接穗萌发前砧木除蘖:嫁接后,梓树砧木会在接穗萌发前萌生新条。为集中养分,促进接口愈合和已接活新梢健壮生长,要随时将砧木上的萌芽和萌蘖条剪除。

(4)解绑:嫁接苗成活即解绑,枝接应待接穗发芽后才能将覆土轻轻扒开。芽接一般20天左右即可解除绑缚物,但秋季芽接要适当延长解绑缚时间,以防接芽抽干萎缩。枝接一般在新梢长到20 cm以上时解除绑缚物。

(5)剪砧:剪砧是在接芽成活后,将接芽以上砧木的枝干剪掉。为保证嫁接苗茁壮生长,夏、秋季芽接应在翌春萌芽前剪掉接芽上部的砧木苗干,春季芽接则在嫁接时或接芽成活后立即剪砧。剪砧的剪口宜在接芽以上0.3～0.5 cm,并稍向芽背面倾斜。

(6)接穗成活枝的保护:接穗上如果萌生出多个芽,应选择一个健壮芽予以保留,其余的芽全部抹去。在春季多风害的地区,为防止接穗成活的枝条遭风吹折,当新梢长到20～30 cm时,要立支柱用绳绑缚接穗萌生新梢。也可通过二次剪砧,在接口以上留一定长度的活枝,作为支柱固持接穗萌生新梢。新梢绑缚不要过紧,稍稍拢住即可。

(7)撤除覆土:嫁接后一般20天即能成活,这时可随检查成活情况随扒除覆土。若土堆较小,接穗芽可自行长出土外,芽呈绿色,生长正常。这种情况可扒除堆顶上的一些土,使芽露出土面即可。如覆土过厚,接穗芽不能长出土外,则芽呈黄白色。这种情况不可将土一次去净,要用潮湿土在芽上薄薄地覆盖一层,防止烈日灼伤。扒除覆土时,应从土堆基部扒土,使土堆自然塌落,露出接穗,防止碰动接口或碰伤嫩芽。

(8)肥水管理:整个苗期要追肥2~3次,第一次在5月下旬,此次施肥要做到少量细施,每亩追施尿素10 kg,沟施或穴施。沟施方法:在距苗行20 cm处锄一浅沟,将肥料施入,覆土。穴施方法:在每株苗的一侧20 cm处锄一浅穴,施入肥料后覆土。施肥后浇水。第二次施肥以6月下旬为宜,以同样方法每亩追施尿素15 kg,施肥位置距苗行30 cm为宜。第三次追肥应在苗木第二个生长高峰来临之前施入,即于7月下旬在两行苗之间(距两侧苗行40 cm)沟施复合肥20 kg左右,以满足苗木后期营养需要,加速苗木木质化进程。苗圃地要经常松土保墒,清除杂草,保持苗圃地卫生。此外,还要加强灌溉,做好病虫害防治工作。

8.苗木出圃

(1)起苗:宜在秋冬季或春季萌芽前出圃,在起苗前3天左右浇透水。起苗时尽量减少对根系的伤害,多带侧根和毛根。

（2）苗木分级：嫁接苗分级标准参照 LY/T 2534。

四、扦插育苗

扦插与嫁接、埋条等相比，具有简单易行、繁育速度快、繁育系数高、成本低等优点。从 20 世纪 40 年代开始，随着人工合成生长素的研制成功以及对插穗生根机理的认识，人工喷雾装置和自控温度、湿度、光照等设备的出现，大大提高了扦插繁育的成活率。国内外许多资料表明，不少造林树种都可采用扦插繁育技术育苗，并用于造林生产。近年来，随着无性系林业的发展，特别是幼化理论和技术的突破，扦插越来越引起世界各国的关注。扦插与组织培养相结合已成为林木育种、育苗领域的现代技术框架。

根据植物解剖学的研究发现，扦插生根是植物薄壁组织发育成的根原基从细胞早期出现核膨大、胞质浓缩，经一系列分裂，最终发育成根原体（根原始体），根原体进一步分化形成不定根。扦插育苗的成活率主要取决于不定根的形成和数量。插条根原基在发育早期未离体时就已经产生，即在采穗时就已经存在，扦插前它一直处于休眠状态，直至插穗离体以后在适宜的环境条件下才能继续发育成不定根，解除休眠。根原基多产生于插条内的韧皮组织、芽隙、枝隙或叶隙，但是有些树种（如某些针叶树）扦插后才能分化出不定根的根原体,称为诱发根原体,多产生在插穗下端。

扦插育苗是截取树木的苗干、枝条或根段作为育苗材料,截成一定规格的插穗,插入土壤或特定基质中,使之生根成苗的一种育苗方法。所截的这段育苗材料称为插穗或插条,插穗能否生根是扦插育苗成功与否的关键。根原基是插穗生根的物质基础,在适宜的条件下,根原基分化形成不定组织。依据根原基(根原始体)在插穗中的部位和形成时期不同,可分为皮部根原基和愈伤组织根原基两种,前者一般是在生长季节由当年生枝条的皮下层形成的,后者则是在扦插以后从插穗下端的愈伤组织中分化形成。影响插穗成活的因素很多,主要因素有树种的遗传特性、母树及枝条的年龄、枝条着生部位、发育状况以及土壤温度、空气湿度、光照等环境条件。

楸树插条不易生根,因此对扦插技术要求较高。根据所采集的插穗木质化程度的高低,扦插育苗可以分为硬枝扦插和嫩枝扦插两种。硬枝扦插选一年生苗干或母树上的根蘖条作种条,秋季落叶后采条,混湿沙冬藏。春季扦插时用萘乙酸或 ABT 生根粉浸泡插穗,用塑料小拱棚育苗。嫩枝扦插以 6~7 月为宜,选半木质化的嫩枝作种条,用萘乙酸或吲哚丁酸浸泡插穗,在遮阴的大棚内保持温度 23~26℃、相对湿度 85% 以上。插穗生根成活后需经炼苗、移栽。

(一)硬枝扦插

硬枝扦插是利用充分木质化的枝条作为插穗进行育苗,是生产上广泛应用的一种育苗方法,适用于很多树种。

1. 插穗采选

理想的插穗应是采穗圃中良种母树上的当年生健壮枝条或当年生扦插苗的苗干。在无采穗圃的情况下,也可以选取幼年、壮年树上的一年生萌生枝或根部的萌芽条。选取的插条必须生长健壮、充分木质化和无病虫害。一般选择在树木休眠期进行,采条后要标记树种、品种。

2. 插穗截制

不同着生部位的枝条,生根情况有差异,一般发育充实的中下部枝段生根率高。剪截插穗时,首先剪去发育不充实的枝条梢头,然后按规格剪制插穗。插穗粗度一般为 0.8～2.5 cm,长度为 15～20 cm。

截制插穗要在庇荫背风处进行,切口应平滑不劈裂,上切口多为平口,距芽 1.0～2.0 cm,下切口多为斜口,距芽 0.3～0.5 cm。截制时要注意保护好插穗上端的芽体,不能损伤。插穗截制好后,按粗细每 50 根或 100 根捆成一捆。打捆时上下端不要颠倒,以防止扦插时倒插。

3. 穗条贮藏

插穗贮藏主要在于保持插穗水分,同时通过贮藏达到催根的目的。插穗贮藏,通常在室外进行。选择背阴、排水良好的高燥地挖窖,窖深视当地地温、地下水位及土壤冻结深度而定。在山东省,窖深一般 0.6~1.0 m,使插穗处于 0~5℃ 的温度下,窖宽 1 m,窖长随插穗数量而定。贮藏时先在窖底铺一层 3~5 cm 厚的湿沙,再把成捆插穗按小头朝上紧密排列,一层插穗一层湿沙交替层积,沙层厚 5 cm。每隔 1 m 竖插谷秸一束,以便通气。插穗放到离地面 20 cm 时,再覆一层沙,上面覆土,并略高出地面。插穗呼吸作用大,贮藏窖内通气不良,容易产生自热而提高温度,要预防插穗过早萌芽生根或霉烂变质。因此,在贮藏期间要勤检查,随温度升降而增减覆土。

4.扦插季节

硬枝扦插多在春季进行,也可秋季扦插。春插一般宜早,当春季气温稳定在 10℃ 左右时即可进行。秋插在土壤上冻前进行。也可在冬季于塑料大棚或温室内进行插条育苗。

5.插穗扦插前的处理

楸树不易生根,为了提高插穗的生根率,在扦插前应对插穗进行生根促进处理,主要的催根方法有水浸法和激素制剂法。

(1)水浸法:水浸插穗不仅能使插穗吸足水分,还能降解插穗内的抑制物质。最好用流水,如无流水条件,要每天换水。浸泡时间一般为 5~10 天。

(2)激素制剂催根法:对较难生根的树种,可应用激素制剂处理促进生根。生产上常用的激素制剂有 ABT 生根粉、NAA(萘乙酸)、IAA(吲哚乙酸)、IBA(吲哚丁酸)、木素酸钠和腐殖酸钠,使用方法有溶液浸泡法和粉剂两种。

6.育苗地准备

扦插育苗必须细致整地,一般耕地的深度应达到25～30 cm。硬枝扦插主要是垄作和床作,垄作便于用机械进行苗期管理。

7.扦插方法与技术要求

扦插时要防止倒插,注意保护上切口处的芽,必须使插穗下切口与土壤密接,并防止擦伤插穗下切口的皮层。因此,可用开沟法,将插穗摆放好后埋入土中;也可用干树枝、铁条等先在苗床上扎孔,再插入插穗,但扎孔的深度要比插穗长度稍浅一些,以使插穗能插到底土处。

扦插深度一般以地上部露1个芽为宜。在干旱地区和沙地苗圃,可将插穗全部插入土中,上端与地面相平,插后踩实。春插一般将插穗上切口芽露出地面,秋插则全部插入土中。

扦插时的角度有垂直和倾斜两种,具体应用要根据插穗的长短和苗圃地的气候、土壤条件而定。短穗直插,长穗斜插;干旱直插,湿润斜插;带顶芽的插穗垂直插。

8.扦插密度

一般掌握在每亩3 000株左右。

9.插条苗圃地的管理

扦插后苗圃地要立即灌水,以利于插穗与土壤紧密结合,且可满足插穗对水分的需要,有利于成活。土壤干燥时,要及时灌水,一般插后每隔3～5天灌水一次,共灌2～3次。灌水次数不宜过多,以免降低土温、影响土壤通气,不利于生根。若土壤水分过多,经常处于饱和状态,会导致插穗下端腐烂死亡。为了增加地温和保墒,应减少灌水次数。现在生产中最常用的做法是:先扦插,后浇透苗圃地,待水渗透后,将插穗的外露部分用土覆盖,然后用塑料薄膜覆盖地面。但应注意,插穗萌芽时要及时在萌芽处开口,防止嫩芽被灼伤。苗木生根后要适当延长灌水间隔期,可每隔1～2周灌水一次。雨季要注意排水,勿使苗圃地积水。扦插育苗同样要进行中耕、除草以及病虫害防治工作。

(二)嫩枝扦插

嫩枝扦插也叫软枝扦插,是采集在生长期半木质化的绿色枝条作为插穗进行扦插育苗。嫩枝的组织幼嫩,含有丰富的生长激素与可溶性糖类,有利于插穗形成愈合组织和生根,适用于硬枝扦插不易成活的树种。但嫩枝插条对培育的环境条件要求较高,需要一定的设备和细致的管理,如果管理不当,很容易被菌类感染而腐烂。

1.插穗采集

作为插条的嫩枝应生长在健壮的幼龄母树上,可以是枝条,也可以是根蘖条。采条时期因树种而异,一般适期为5～8月份。宜在半木质化时采条,一天之中应在清晨有露水或阴天无风时进行,剪下的枝条要立即放在水桶中并覆盖遮阳,防止其失水萎蔫。

2.插穗截制

采集的嫩枝,应在阴凉处迅速制穗。嫩枝插穗一般带有2～4个节间,长4～14 cm,下切口呈斜面并靠近腋芽,以利于生根。叶片应尽量保留,要留2～4个嫩叶,只去掉插穗基部的部分叶片。在采集和制穗期间,注意用湿润物覆盖嫩枝,以免失水萎蔫。

3.生根促进措施

嫩枝插穗在扦插前最好用ABT生根粉或其他外源生长激素处理,以促进生根,可采用与硬枝扦插相同的处理方法,但药剂浓度可以稍低些。

从不同年龄的原株上采条,即便都是一年生,其扦插生根率也是不同的。母树个体年龄增大,生长抑制剂含量增高,而生长物质含量显著减少,以致插条随树龄增大而生根率降低,抑制剂的作用根比芽更敏感。因此,从幼龄部位采条扦插易产生不定根,插穗经水浸能降低抑制剂的浓度,提高生根率。经试验,楸树插穗在最佳萘乙酸浓度状态下(500～700 mg/kg),不仅提高了扦插生根率,而且根长、根数、根粗都有显著的优越性,生根时间也大大缩短。

4.扦插基质

为保持良好的通气性和适当的水分,防止嫩枝插穗腐烂，一般用蛭石、炉渣、河沙、泥炭等作扦插基质，且要用高锰酸钾等严格消毒。扦插基质中不能带有机质，通常采用低床。

陈素传等人利用激素种类、扦插基质、激素浓度、处理时间四个因素进行楸树嫩枝扦插育苗试验，探讨影响楸树生根的主要因子。结果表明，用珍珠岩作扦插基质生根最好，生根率达 17.77%；ABT 1 号生根粉 500 mg/kg 处理生根效果较佳，生根率达 11.93%；处理时间以 120 min 为好，生根率达 14.17%。扦插基质对生根的影响最大，其次是处理时间与激素浓度。三种激素处理平均生根率由高到低依次是 IBA＞ABT1 号生根粉＞NAA，随着浓度的增加，生根率降低。ABT 1 号生根粉、IBA 500 mg/kg 处理楸树插穗 2 h，生根率分别比对照增加 82.6%、87.4%。

5. 扦插密度与深度

嫩枝扦插密度以扦插后叶面互不拥挤、重叠为原则，株行距一般为 10 cm 左右。因为插穗生根需要氧气，所以扦插深度越浅越好，一般在 0.5 cm 左右。

6. 扦插环境控制

嫩枝插条对温度和湿度条件要求较高，需要有对温度和湿度能进行控制的仪器。楸树是生根困难树种，嫩枝扦插育苗多在温室或塑料大棚（小拱棚）中进行，在温室或塑料棚内应设置喷雾装置。为防止温度过高，需要采取遮阳措施。

7. 嫩枝扦插成活后的管理

(1)喷水和湿度控制：为了防止插穗失水枯萎，扦插后必须经常喷雾或喷水，扦插初期空气相对湿度应保持在95%以上，下切口愈合组织生出后可降低至80%～90%，一般每天喷水2～3次，气温高时每天喷3～4次。每次喷水水量不能过大，以达到降低温度、增加空气湿度而又不使扦插土壤过湿为目的。土壤中尤其不能积水，否则易使插穗腐烂。

(2)温度控制：嫩枝育苗的温度控制在18～28℃为宜，超过30℃时应立即采取通风、喷水、遮阳等措施降温。插穗生根需要其叶片合成的物质，需要有适宜的光照条件，因此采用遮阳措施降温时，遮阳度不能过大，以免影响插穗叶片进行光合作用。采用全光喷雾法嫩枝插条成活率较高的原因也在于此。

(3)炼苗：插穗生根后，若用塑料棚育苗，要逐渐增加通风量和透光度，使扦插苗逐渐适应自然条件。

(4)移植：插穗成活后要及时进行移植，或移于苗圃地，或移于容器中继续培育。在移植初期，应适当遮阳、喷水，保持一定的湿度，以提高成活率。

五、组培育苗

组培，即组织培养，也称为植物克隆，其实质就是一种无性繁殖方法。组培楸树苗是利用细胞的全能性，经过外植体采集、脱毒、增殖、生根、炼苗等系列工序将楸树苗培育而成。组培育苗可以去掉楸树体内影响生长的细菌、病毒,从而让楸树生长速度更快,成材周期更短。组培育苗流程严谨,基质一般用的都是珍珠岩或草炭,不会接触到带菌带虫的土壤,所以出圃时不会带上根结线虫、镰刀菌等,不存在检疫的风险,不容易出现根结线虫病、根腐病等。组培育苗在组培楼或现代化温室中进行,可以全年不间断生产,理论上可以无限扩大产能,可以源源不断地供应小苗,从而满足市场对良种壮苗的需求。组培楸树苗的优点是:100%遗传了良种的优秀基因;生长速度快,当年苗高可达3 m以上,胸径可达3 cm以上;抗病虫害,对楸树易患的楸螟、根结线虫病抗性较强;抗寒,-15℃无冻伤现象;抗酸化、盐碱,在轻度酸化、盐碱地能正常生长;韧性极好,不易形成风弯和雨弯;苗相整齐,商品率高等。

从2016年开始,河南省农业科学院园艺研究所开始楸树组培育苗实验研究、工厂化生产及推广种植,累计生产楸树组培苗500多万株。近两年,河南省通过"四优四化"项目"优质花木工厂化育苗关键技术集成与示范"专题的实施,进一步解决了楸树良种育苗的标准化问题,为其产业应用奠定了坚实基础。

1.选地

楸树喜水、喜肥、喜光,所以选择苗圃时,宜选择土层深厚、肥沃、向阳的平整或缓坡地。楸树喜水但不耐积水,故地下水位高、雨季容易久涝的土壤不宜种植。果园、老苗圃,前茬为茄果类、十字花科类蔬菜的土壤容易感染根结线虫,不宜种植。由于大量使用生粪、经常使用除草剂、大量长期偏施化肥等原因导致土质板结的地块,慎重种植。荒芜多年或十分贫瘠缺少有机质的土壤容易感染根结线虫,慎重种植。

2. 整地

苗圃地选好后,最好经过冬季深耕、冻垡,以疏松土壤、减少病菌和害虫。春季种植期间可撒一些杀虫、杀菌剂,如辛硫磷、阿维菌素等。上季种植的小麦、玉米等作物秸秆不宜粉碎还田,因为秸秆腐烂过程中会滋生病菌、害虫,释放热量,消耗氧气,对种苗生长造成不利影响。

3. 起垄

楸树根为肉质根,不耐水湿,喜欢疏松的土壤,建议采用"垄栽法",通过起垄覆膜,抬高树苗位置,避免根部水淹浸泡。垄面采用平缓的瓦背形,一是保水保肥,二是增加地膜覆盖范围,从而防草,三是防止树苗被风吹倒伏。

4. 植苗

耕地、起垄、覆膜等工序完成后即可植苗。楸树组培时间范围很大,北方地区从 4 月中旬至 9 月下旬都可以种植。栽植时将楸树苗放入穴中,围盖细碎的土壤,以土壤刚好盖住基质上表面为佳,不宜把茎干埋入土层。

5. 肥水

种植前施足底肥,一般生物有机肥和复合肥混合施用。生物有机肥可以改良土壤,补充有机质、微量元素和益生菌,在一定程度上能预防茎基腐病、根结线虫病的发生。复合肥使用15∶15∶15的硫基平衡肥。追肥以少量多次为宜,一个半月追施一次最佳。楸树组培苗生长前期以氮肥或高氮复合肥为主,以促进茎干、叶片快速生长;生长后期追施磷、钾肥,延长生长期,增粗主干。灌溉最好采用滴灌方式。组培苗栽植初期,需密切关注土壤水分状况,及时补水,确保成活率。

6. 防草

慎用除草剂,建议采用银、黑双色地膜,银色面朝上,黑色面朝下。银色可以反光,降低地面温度,避免高温灼根;黑色防草,保温保湿。垄间地面生草时,可用机械除草,以便松土、除草兼顾,促进根系生长和呼吸。

7. 病虫害防治

楸树病害有根结线虫病、茎基腐病、根腐病等。根结线虫病具有一定的传染性,是苗木重点检疫病害。根据实践经验,冬季深翻冻垡,使用石硫合剂、阿维菌素、灭线磷等药剂对土壤进行处理,并通过施用生物有机菌肥,可有效预防根结线虫病的发生。茎基腐病、根腐病一般都是在夏季高温、高湿的条件下发生,可起垄覆膜,适当降低种植密度(建议行距1.5 m,株距0.6 m),适时喷洒多菌灵、根腐灵、甲霜恶霉灵等杀菌剂进行有效防治。

虫害主要有地老虎、蛴螬、红蚂蚁等土壤害虫,冬季深耕冻垡,耕地时撒施辛硫磷等药剂可有效防治。4月中旬后,楸树苗易受楸螟、蚜虫、红蜘蛛、椿象的危害,可通过生物防治和药剂防治相结合的方法预防,还可用黑光灯诱杀成虫,也可以根据虫害情况定期喷洒高效氯氟氰菊酯、甲维盐等广谱、内吸式药剂进行防治。

8.林木组织培养育苗技术规范流程

(1)培养基制备程序:

①培养基母液配制及保存。选用试剂纯度为化学纯以上的化学药品,根据培养基配方分别配制大量元素(10~20倍)、微量元素(100~200倍)、铁盐(100~200倍)、有机物(100~200倍)、植物生长物质(0.1~1 mg/mL)母液。母液配制宜使用蒸馏水或去离子水。

培养基母液分别贴上标签,标注名称、配制倍数和日期,置于2~4℃保存,铁盐及植物生长物质母液应储存在棕色容器中。

②培养基配制、灭菌及保存。

培养基配制:根据培养基配方以及需要配制的体积,计算各种药品母液以及水的用量。根据所需称取固化剂(液体培养基不需固化剂)和糖,用70%~80%最终体积的水加热溶解,然后按计算量依次加入大量元素、微量元素、铁盐、有机物、植物生长物质母液、肌醇和天然附加物等。边加入边搅拌,根据不同植物要求调节培养基pH(通常为5.4~6.0),定容,分装,封口,标记。如需加入过滤灭菌的药品,应在高压灭菌后、固化之前加入。

培养基灭菌:培养基应尽快(不超过 12 h)完成灭菌程序,采用高压蒸汽灭菌,在压力 0.105 MPa、温度 121℃的条件下灭菌。灭菌时间按照培养基容器大小和培养基体积确定,灭菌时间如下表。

培养基高压蒸汽灭菌所必需的最少时间

容器体积(mL)	在 121℃下灭菌所必需的最少时间(min)
20~50	15
75~150	20
250~500	25
1 000	30
1 500	35
2 000	40

培养基保存:灭菌后的培养基常温下应在 7 天内使用完,2~4℃条件下 14 天内使用完。培养基常温保存过程中应注意防尘、避光。

(2)林木外植体处理方法:

①外植体选择。在林木生长适宜时期选择较幼龄的最幼态部位材料为外植体。

②外植体表面灭菌。外植体应进行冲洗、灭菌溶液浸泡,无菌水冲洗 4~6 次。常用外植体表面灭菌的化学药品及处理时间如下表。

外植体灭菌常用的化学药品使用浓度及外植体处理时间

化学药品名称	使用浓度（%）	外植体处理时间（min）
乙醇（C_2H_5OH）	70~75	0.2~2
次氯酸钠（NaClO）	2~10	5~30
过氧化氢（H_2O_2）	10~12	5~15
次氯酸钙[$Ca(ClO)_2$]	9~10	5~30
漂白粉[$CaCl_2,Ca(ClO)_2$]	饱和溶液	5~30
溴水（Br）	1~2	2~10

（3）培养条件：根据林木特性确定具体林木组织培养的培养温度、光照强度和光周期。通常培养室温度设定为$(25\pm2)℃$，光照强度为 1 000~5 000 lx，光周期为光照 12~24 h、黑暗 0~12 h。

需暗培养的材料，可用铝箔、黑色棉布等材料包裹容器周围，或置于暗室中培养。

（4）林木组织培养程序：

①稳定无菌培养体系的建立。根据不同林木特性选取合适的外植体并确定相应的培养基，将体表灭菌后的外植体接种于诱导培养基中进行诱导培养产生茎芽。诱导培养基中含有适宜配比的生长素类和细胞分裂素类植物生长物质。

②稳定培养体系的增殖。根据植物特性选用合适的继代培养基，茎芽在继代培养基上增殖培养。茎芽增殖阶

段的继代培养基应含有较高的细胞分裂素类和生长素类植物生长物质的配比。

稳定无菌体系的继代培养不超过20~30代,保持遗传相对稳定性。

③不定根诱导。将达到一定长度的茎芽(>1.0 cm)转移到生根培养基中诱导不定根。生根培养基中无机盐浓度一般为茎芽诱导培养基和增殖培养基中无机盐浓度的1/2~1/4,具有较高的生长素和细胞分裂素的比值,较低碳源水平。

④组培苗炼苗。当不定根长度达到0.5~1.0 cm时可进行炼苗。炼苗温度宜控制在20~30℃,自然光下闭口炼苗7~15天。闭口炼苗期间要防雨水,开口炼苗3~5天。

⑤组培苗移栽。炼苗后的组培苗移栽时应小心取出,用清水洗去苗基部的培养基,移栽至光照充足的温室或塑料大棚中,在移栽初期要适度遮光。宜选择疏松、透水、通气的珍珠岩、河沙、草炭、沃土等配成的混合基质。在移栽初期要保持较高的空气湿度。

(5)组培苗质量与分级:按照GB/6000的规定进行。

六、移植苗管理

移植苗是指原床苗(包括实生苗和营养繁殖苗)经过移栽后继续培育的苗木,苗木移植的目的是培育根系发达的健壮苗木和大规格苗木。苗木通过移植,截断了主根,可以促进侧根和须根生长，形成发达的根系。苗木移植还能抑制其高生长，降低茎、根比值，使苗木质量好。移植后苗木单株营养面积扩大了，既有利于苗木生长，也便于培育管理，对于培养苗木良好的冠形和干形也有积极意义。

（一）苗木移植时间

楸树苗木移植，在春季或秋季都可进行，但以春季为主。春季移植，在土壤解冻后至苗木发芽前进行，应在早春移植。秋季移植，在苗木落叶后、根系尚生长时进行，以便移植当年苗木根系能恢复。秋季移植最好截去苗干，以提高成活率。

近年来，楸树育苗一般提早进行，在温床上覆盖塑料薄膜育苗，待幼苗有4～5个叶片时，带土移植到畦上，苗木当年可以出圃。这种方法幼苗移植最好选连阴天，随时都可进行。雨天或育苗地土壤过湿时，移植易破坏土壤结构，湿泥沾带苗木枝叶，根系粘连不舒展，不宜进行。

（二）移栽前的准备

需要移植的苗木应做到随起苗、随分级、随运送、随修剪、随栽植，不立即栽植的苗木必须做好假植等贮藏工作。在移植过程中，必须保持根系湿润，切勿暴晒。

1. 苗木分级

在移植前必须对苗木进行分级，分级的目的是将不同规格的苗木分别移植，使移植苗木生长均匀，减少苗木分化现象，另外也便于苗木出圃与销售。

2.修剪

移栽前要对根系和枝叶进行适当修剪,这是苗木移植的很重要一环,要剪去过长和劈裂的根系,一般根系长度为12～15 cm,过长栽植容易窝根,太短会降低苗木成活率和生长量。常绿树种,侧枝可进行适当短截,以减少水分蒸腾,提高苗木成活率。

为防止苗木根系在分级和修剪过程中干燥,作业应在荫棚内进行,且修剪后的苗木应立即栽植或假植在背阴、湿润的地方。

3.移植地块准备

应选择土层深厚的地块,施足基肥后,土壤翻耕深度不少于30 cm,以适应大苗根系发育,采用大田式垄作或平作,以便于机械作业、节省人工。小苗移植,可采用床式,以便于集约抚育管理。移植前灌足底水。

(三)移植方法

常用的移植方法有沟植和穴植两种。

1.沟植法

按预定行距开沟,沟的深度和宽度应大于苗根。沟开好后,将苗木按预定的株距排列在沟中,然后扶正苗木,进行覆土踏实。

2.穴植法

按预定的行株距掘穴,小苗可以用移植铲,边掘穴边栽植边覆土。大苗先掘穴,再栽苗,分别进行。

(四)移植技术要点

移植小苗时,按株行距挖穴或挖沟,植苗,填土,轻轻上提使苗根舒展,然后压实土壤;移植大苗时,先按株行距定点,然后挖穴栽苗,先填少量的表土,把苗根放在适当位置,再填土、提苗,使苗根舒展,深浅适宜,压实土壤,整平地面。

无论采用哪种方式栽植,都要使苗木根系充分舒展,严防窝根;栽植深度比原来根际略深 1~2 cm,覆土要踏实,栽后灌水一次,使根系与土壤密接。

(五)移植苗生长特点

苗木在移植当年的生长过程中,按照生长特点可分为成活期、生长初期、速生期和苗木硬化期四个时期。

1. 成活期

从移植时开始,到根系能吸收养分和水分、地上部开始生长为止。成活期的持续时间因树种的环境条件而异,一般为十几天到 1 个月。

移植初期地上部分处于休眠状态,尚未开始生长,根系逐渐开始恢复功能,并开始出现新根,受伤的根开始出现愈合组织。此时期根系生长逐渐加快,地上部分从休眠状态转为开始萌发,此时生长缓慢。

成活期是苗木移植当年培育管理的关键时期。春季移植要尽量设法提高地温,保持适宜的土壤温度,使土壤经常处于疏松状态,以促进根系形成愈合组织和生新根。生长季节移植应带土坨,要防止高温和土壤水分不足。苗木移栽后应立即灌水,待土壤稍干后进行第二、第三次灌溉。每次灌水应灌足、灌透,灌水后可松土保墒。幼苗移植后还需遮阳,待苗木正常生长后逐渐减少遮阳时间,最后拆去荫棚。

2. 生长初期

从根系开始吸收养分和水分、地上部开始生长时起,到地上部高生长量大幅度上升为止。在这个时期,移植苗根系生长逐渐加快,被切断根系的断面形成愈合组织,并在愈合组织及其附近生出新根。地上部分生长由缓慢逐渐加快。

生长初期是移植苗即将进入快速生长的准备时期,需进行同留床苗类似的水肥管理。

3. 速生期

从高生长量大幅度上升时起,到高生长量大幅度下降时为止。移植苗速生期的生长特点与留床苗相同,但持续的时间比留床苗短。

进入速生期的苗木主要是加强水肥管理,具体的技术措施与留床苗相同。在苗圃培养大苗时,要有通直良好的干形,主干高 2.5~4.0 m,树高 5~7 m。因此,在速生期前期要根据培育目标进行适度的整形修剪,对树干和树冠通过人工抹芽、修枝定干进行控制和调整。

4. 苗木硬化期

从苗木高生长量大幅度下降时起,到直径和根系生长停止为止。此时期苗木的生长特点与水肥管理同留床苗。除此之外,这个时期可以进行苗木产量和质量调查,达到合格苗标准的苗可以出圃。

(六)移植苗的抚育管理

苗木移植后要加强松土除草、追肥、灌溉、防治病虫害等抚育管理工作,对于幼苗和较难成活的苗木,还要适当遮阴。

截干移植的苗木,待成活萌芽后要进行抹芽,选留一个健壮直立的萌条作为主干,摘除多余的萌条,以促进主干向上生长。培育大苗,还要进行整形修枝。

对于一般树种,在修剪之前检查苗木顶梢,顶梢健壮、顶芽饱满正常的可保留顶芽,顶芽细弱瘦小、无顶芽以及顶梢有受旱干瘪现象的,应从梢部有充实芽处短截,并将剪口以下的几个芽抹除。

就大多数苗木而言,氮、磷、钾是现阶段施肥的三要素,但在不同条件下,苗木对氮、磷、钾的反应不同。植物分析表明,苗圃土壤中氮的消耗量远大于磷和钾,所以氮是施肥的主要元素。中国林业科学研究院曾用水培法对油松等四种苗木进行缺素培养试验,结果是缺氮对苗木生长的抑制作用最大。对加拿大杨、洋白蜡、落叶松、侧柏的研究也得出相似结果。

第五章

楸树丰产栽培

一、整地技术

(一)造林地选择

楸树在土层深厚、肥沃、疏松的中性土、微酸性土和钙质土上生长迅速,在含盐量低于 0.1% 的轻盐碱土上也能正常生长。但楸树对土壤水分十分敏感,不耐干旱,也不耐水湿,在积水低洼地不能生长。因此,造林应选择土层深厚、肥沃、疏松、湿润、排水良好、光照充足的地方。

(二)造林地清理

造林地清理是指翻耕土壤前,清除造林地上的灌木、杂草、杂木、竹类等植被,或采伐迹地上的枝丫、伐根、梢头、站杆、倒木等剩余物。如果造林地植被不是很茂密,或采伐迹地上剩余物数量不多,则无须清理。

1. 割除法

造林地上的幼龄杂木、灌木、杂草等植被,采用人工或机械(如割灌木机)进行全面、带状或块状方式割除,然后堆积起来任其腐烂或销毁。

2.化学药剂清理

用化学药剂清除杂草、灌木,这是近年来发展起来的高效、快速的新方法。

化学药剂清理、灭草效果好,有时可达100%,而且投资少、不易造成水土流失。但在干旱地区药液配制用水困难,有的药剂可能会造成环境污染,对生物有毒害作用,目前我国应用不多。

(三)造林地整地

细致整地是造林的六项基本措施之一。造林之前,必须根据造林规划和选定的造林地,先进行整地,然后再造林。造林地整地的目的是发挥人的主观能动性,改善造林地的恶劣条件,为苗木成活和生长创造良好条件。一般就造林地种类来说,多种多样,有荒山、荒地、荒滩、盐碱地、沙地、采伐迹地等。通过造林前的耕翻、整平、客土换沙、改涝洼、排盐碱、改浅土为深土、改干燥为湿润、改瘠薄为肥沃等改土措施,能加厚活土层,改善土壤结构和理化性质。同时清除杂草、碎石,减少病虫害,增加光照,提高地温,促进微生物活动和有机质分解。

1.造林地整地技术规格

主要是指整地的深度、破土面的大小、破土断面的形状等。

(1)整地深度:整地深度是所有整地技术规格中最为重要的一个指标,整地深度决定林木根系生长发育空间的大小、土壤蓄水保墒能力的大小、造林时栽植质量的高低、整地费用高低以及冻伤害的轻重。

(2)破土面:植被竞争强时可适当扩大破土面积,反之则缩小破土面积;水土流失严重,破土面积不宜过大;冻伤害较严重的地方,最好采用小块状方式整地或不整地。

2.整地的方式和方法

整地的方式和方法因造林地种类、立地条件和经济技术条件不同而异。

(1)山地造林整地的方式和方法:

①局部整地。局部整地可应用于各种条件的造林地,优点是既节省劳力,又能保持水土,方法灵活,是当前主要的整地方式。

②鱼鳞坑整地。适用于坡度较大、乱石较多、地形变化较复杂、土层浅薄、不适合水平阶整地的地方。

③水平阶整地。适用于坡度25°以下、土层较厚、岩石露头不多的地方。

④穴状整地。适用条件基本同鱼鳞坑整地,但多采用小穴。

⑤窄幅梯田。适用于土层较厚、乱石较少的缓坡丘陵地。

⑥宽幅梯田。适用于土层较厚、坡度较缓的山基和山沟。

⑦水平沟整地。适用于干旱陡坡山地,水平沟一般长3 m左右,在山坡上交错排列,土埂面宽 30 cm,沟底宽 30~50 cm,深 30~50 cm。

(2)平原造林整地的方式和方法:平原地区造林整地的方式有局部整地和全面整地。

①局部整地。穴状整地:适用于绿化和速生丰产林营造等,并且大穴应用得较多。沟垄整地:适用于地下水位较低的内陆盐碱地。带状整地:适用于荒滩和杂草较多的荒地、农田林网用地。

②全面整地。在平原地区,除了局部整地外,有条件时还可以全面整地。全面整地与农耕地基本相同,即在造林地上用机械进行翻耕。它适用于坡度较小、地势比较平坦的各类荒滩、荒地,一般多用于营造速生丰产林和盐碱地条田、台田造林。它的优点是能充分发挥整地的作用,缺点是投资大、费工多,不宜大面积采用。

3.整地季节

整地季节对整地效果和造林成活率影响都很大。山东省春季一般降水稀少,天气干旱,整地费工。雨季至冬季封冻前这段时间整地,杂草易腐烂,土壤易风化,能更多地蓄存雨雪,保证了造林成活率的提高。沙地易遭风蚀,不宜提前整地,可随整地随造林。整地时要打碎土块,拣净杂草碎石,保证土不出穴,把肥沃表土填回坑中,尚未风化的心土修筑坑(穴或阶)堰。

（1）随整随造：整地后立即造林，主要应用于新采伐迹地及风沙地区。随整随造不能够充分发挥整地的有利作用，与栽植争抢劳力，因此在一般造林地不提倡应用。

（2）提前整地：整地比造林时间提前，有利于杂灌草根腐烂，可增加土壤有机质，调节土壤水气状况；雨季前整地可以拦截大气降水，增加土壤水分；雨季汛期整地，土壤松软，容易施工，降低了劳动强度；整地与造林不争抢劳力，造林时不整地，可以不误时机地完成造林任务。提前整地可应用于干旱半干旱地区、高垄整地的低湿区、山地、盐碱地等。提前整地的时间不宜过短或过长，一般为1～2个季节。

二、栽培密度

（一）栽培密度合理的意义

栽培密度就是单位面积上栽植点或播种点的数量，也叫初植密度，对人工林（抚育间伐型）后期的密度变化具有深刻影响。

栽培密度合理能促进幼林适时郁闭，抑制杂草滋生，减少抚育次数，缩短抚育年限，节省抚育经费。郁闭林木群体形成的幼林开始郁闭后，不但有利于发挥保持水土和涵养水源等方面的作用，而且能增强对各种不良环境的抵抗能力，有利于幼林稳定生长。

栽培密度合理能促进幼林迅速生长，提高单位面积木材的产量。实践证明,在一定范围内,密度增加,林分的平均树高也增加,但平均胸径减小,林分的蓄积量增加。当密度继续增加时,林分的平均树高和平均胸径都减小,但林分的蓄积量由于株数的增多仍继续增加。当密度再继续增加达到过密的程度时,不但林分平均树高和平均胸径下降,而且林分的蓄积量也由于单株材积过小而下降。密度合理可提高木材的质量和利用率,这是因为只有密度合理才能促使林木通直圆满、节疤少、年轮密度均匀,形成良好的树干。密度过大,林木生长受抑制,树干纤细,易风倒,小径材多,经济价值低;密度过小,不但枝丫丛生,树干尖削度大,降低木材品质,而且也降低了木材的总生长量。

(二)确定栽培密度的原则

合理的栽培密度必须考虑生物学和经济两个方面,从生物学上来说,要求林分能形成一个有利于林木生长发育的群体结构;从经济方面来说,要获得丰产优质的木材,且栽培成本低。在确定最适宜的栽培密度时,必须考虑以下几个原则:

1. 经营的林种

林种不同,栽培密度也不同。一般来说,防护林为了及早郁闭成林,尽快地起防护作用,栽培密度应比用材林稍大些。培育大径材密度可小些,培育小径材密度可大些。

2. 栽培地立地条件

栽培地立地条件好,林木生长快,栽培密度可小些;立地条件差,栽培成活率低,生长慢,为增加幼林保存株数,提前郁闭,改善林地环境,增强幼林抗性,栽培密度应加大。另外,立地条件差一般只适合培育中、小径级用材,所以栽培密度宜大。石质山地由于裸岩分布不均,采伐迹地由于伐根及剩余物分布不均等,也影响栽培的实际密度。

3.栽培技术

一般来说,栽培技术越细致,林木生长越迅速,栽培密度就可越小。因此,集约经营的速生丰产用材林,可采用较小的栽培密度。即使只改善单项栽培技术措施,如整地、栽培方法、苗木规格、混交等,也都对栽培密度有不同程度的影响。

4.经营条件

栽培密度越大,栽培成本越高,如整地、栽植和种苗费用等几乎与栽培密度成正比。但密度大的幼林郁闭早,能减少幼林抚育次数,还可提前修枝间伐,在小径材有销路的条件下是有利的。相反,在小径材不能充分利用、交通不便、劳力缺乏的地区,密度宜小些。

(三)楸树栽培密度的确定

楸树合理的栽培密度,必须根据造林目的、楸树的特性、栽培地的立地条件和经营条件来确定。楸树顶芽萌发力较弱,为了培养优良干形,初植密度可大一些,林分郁闭后及时间伐。山区成片造林,株行距为 3 m×4 m 或 3 m×3 m,每公顷 833~1 111 株;梯田地边植树,可每层田埂上植一行,株距 4 m 左右;平原间作型用材林,行距 10 m、株距 3～4 m,每公顷 250～333 株。

1. 楸农间作林

以培育大径材为目的的楸农间作林,平原地区宜采用行距 30～50 m,株距 4～6 m;山区的梯田或条田行距与其宽度相等,株距可采用 4～6 m。

2. 农田防护林

平原地区多采用小网格窄林带,林带一般由 3～5 行树组成,多为一路两渠四行或一路一渠三行。在一般风害区,壤土或沙壤土,主林带间距 200～250 m,副林带间距 400～500 m,网格面积 8～12 hm^2;风速大、风蚀严重的地区,主林带间距 150 m 左右,副林带间距 300～400 m,网格面积 4～5 hm^2。

3. 片林

用材林、水土保持林多营造片林。在山区及丘陵区,地形复杂,可按地形设计,用材林可采用大株行距,株距 4～6 m,行距 8～10 m;水土保持林株行距宜 3 m×4 m,中间间伐 1～2 次,25～35 年为一个轮伐期。

三、栽培模式

(一)品种选择

主栽品种应根据楸树的培育方向,按照适地适树的原则选择。

1.速生用材型

应选择具有速生、树干通直圆满、出材率高、材质优等特性的种类,目前宜推广的良种有鲁楸 1 号和楸选 8365 等。

2.园林观赏型

应选择树形、花、果美,寿命长、长速中等的种类,目前宜推广的良种有鲁楸 2 号和楸选 8301 等。

3.楸农间作型

应选择具有树冠窄、根深、发叶晚、落叶早,与作物争光、争水、争肥矛盾小,互助作用大等特性的种类,目前宜推广的良种有鲁楸 2 号和楸选 8301 及密枝楸等。

4.生态防护型

应选择抗逆性强或具有某种特殊适应性能的种类。在干旱瘠薄的土壤上,可选择光叶楸、心叶楸、线灰楸、细皮灰楸;在水湿与黏重土壤上,可选择梓楸等;在条件稍好的地方,可选择鲁楸 1 号、鲁楸 2 号、楸选 8301 和楸选 8365。

(二)栽植时间

秋季栽植宜安排在落叶后、土壤上冻前,春季栽植安排在树液流动后、发芽之前的 3 月底至 4 月初。

(三)栽植要求

一般要求开穴植苗,栽植技术要求如下:一是掌握栽植深度,栽植时比苗木原土印深 2~3 cm,不能超过 5 cm。

过深不利于根系呼吸,过浅易受旱害。可根据立地条件进行调整,但不能露根,也不应埋脖子(埋苗太深)。二是不窝根,栽苗时应使苗木根系舒展开,否则影响苗木成活以及生长,甚至导致数年后死亡。三是栽植穴的大小根据苗木根系及立地条件而定,栽植穴过大,不但费工,而且在有冻害的地方因对土壤结构破坏大而易产生冻害;栽植穴过小,则不利于苗木根系扩展。

(四)栽植措施

一是尽可能用二年生苗,地径2.5 cm以上,根幅30~40 cm。每个栽植穴施入土杂肥50 kg和过磷酸钙1 kg。二是栽植前剪除受伤的根系,提高造林成活率。三是栽植时要采取"三埋两踩一提苗"栽植方法,使根系充分舒展,分层覆土,埋土深度不超过苗木原土印5 cm,并踩实。四是随栽植随浇水,要浇足浇透。待水下渗后,倒伏苗要扶直、培土,根据墒情及时浇水。五是在平原地区,为了防止干热风危害,促进苗木主干生长,提倡平茬造林。栽植后在距地表面3~5 cm处进行平茬,并涂抹接蜡,防止水分散失。栽植后应对平茬苗培土堆。

(五)配置模式

造林时,可根据情况选择不同的配置模式:规则式配置模式,如3 m×4 m、4 m×6 m等配置模式;宽窄行配置模式,如3 m×(4~8)m、4 m×(6~10)m等配置模式;不等距三角形配置模式;混交配置模式,如楸树、香椿混交模式、楸果混交模式等。

（六）农林间作

1.农林间作的含义

农林间作是林木与农作物（或绿肥作物）在某一时期按一定配置要求形成的立体复合经营形式。农林间作是重要的林地抚育管理措施，通过对间作作物松土除草、施肥、浇水，提高了林地土壤的肥力，改善了林木的营养状况，弥补了林木生产周期较长、见效慢的缺点，实现以短养长、长短结合。实行农林间作时，要注重对林地的土壤培肥，加强对林木的抚育管理，而不是仅把间作当成增加早期收入的一种手段，这样才能更好地发挥林地间作的作用。

2.农林间作的类型

按照间作年限的长短，农林间作可分为长期间作和短期间作。短期间作一般2～5年，间作的主要目的是通过以耕代抚培肥土壤，促进幼林生长，也增加一些间作作物收入。长期间作是林木与农作物较长时间在同一地块上栽培，形成合理的立体种植模式和农林复合生态系统，实现以农促林、以林促农、林粮双丰收。

3.间作作物的选择

优良的间作作物应当是植株矮小，不影响树体光照；需肥需水较少，与林木的竞争矛盾小；病虫害少，且与林木无共同的病虫害；间作作物本身有较高的经济价值。有的间作作物不能同时具备以上条件，但必须是与林木的竞争矛盾较小,以免影响林木生长。

间作不宜种植高秆作物,应间种豆科植物和矮秆作物。前1～3年,可间种小麦、大豆、花生、绿豆、大蒜、花生、西瓜、蔬菜等。间作时作物离林木要有一定距离,一般50～100 cm,达到互不影响光照、养分的目的。后4～5年,可间种半枝莲、白术、半夏、知母、射干、元参等中药材。

常用的间作作物有花生、豆类、小麦、棉花、薯类、瓜菜等。花生、大豆、绿豆等豆科作物,植株矮小,有固氮作用,适合与林木间作。高秆作物如玉米、高粱等,影响林木通风透光,养分竞争矛盾较突出,一般不宜与林木间作。在比较瘠薄的林地上或郁闭度较大的林下,还可以间种绿肥植物、牧草,用于林地压青或作饲草。有些地方还在林下间种矮秆的药材和食用菌等,均有良好效果。

4. 楸农间作

楸树根系分布较深,多在40 cm的土层,根系入土较深,可以吸收土壤底层的养分,分泌的根酸可以溶解并吸收某些难溶性无机养分,组成有机物,分解后供植物利用;改善土壤性质,在幼龄林地上间作适生的作物,可以充分利用地力和光照,防止杂草竞争,促进幼林生长。

平原地区非基本农田提倡楸农间作,行距为30～50 m,株距为4～5 m,每公顷60～90株,以培养大径材为主,可兼作农田防护林。在丘陵山地的梯田或条田,楸农间作的行距与梯田或条田的宽度相等,株距4～5 m,栽植在田埂外沿。

(七)楸树间伐

抚育间伐是从幼林郁闭起至主伐前这段时间,在林分中伐除部分林木,以改善生长环境,促使保留的林木更快、更好生长的一种作业方法。对以培育大径材为目的的林分,不提倡间伐,在造林之初就应该确定适当的密度。密度过大的原有丰产林、水土保持林和农田林网的林分,可根据情况间伐。株行距相同、生长比较一致的林分,可以隔行或隔株间伐。林木分化明显的,可以根据林木分级法确定伐除对象,进行间伐。采伐时要遵守去弱留强、除劣留优的原则。间伐强度及间伐期可依林龄、疏密度、立地条件等灵活掌握,一般间伐强度不宜过大,当树冠相互重叠、互相影响时即进行间伐。

1.楸树人工林生长发育阶段的划分

(1)楸树林形成阶段(幼龄林):这是楸树林的幼龄阶段,该时期的特点是:幼林正在扎根生长,地上部分的生长速度逐渐加快,幼树主要是个体生长,树冠交接,林分郁闭后形成幼林环境。在这个阶段,幼树与杂草、灌木间的竞争是主要矛盾。因此,通过林地管理和幼林抚育改变林地条件,对促进林木生长,特别是根系发育起着很重要的作用。

(2)楸树林生长阶段(中壮龄林):这个时期林木的高、径及材积生长先后进入速生期,并依次达到高峰期。此期林木生长速度加快,林分郁闭度增加,林内光照减弱,林下植被相对稀少。林木和林地矛盾减小,林木之间的矛盾增大,林木分化和自然稀疏非常强烈。这个阶段的抚育作业,除继续加强林地土壤管理外,还要合理进行抚育间伐。通过间伐,保持林分适当密度,使林内保持适量的光照及生长空间,解决林分矛盾,促进林木的高、径生长和自然整枝,培育林木空间,培育林木良好的干形,增加林分的蓄积量,并缩短林分的成材期。

(3)楸树林成熟阶段(成熟林):这个阶段林木的高、径和材积生长非常缓慢,林木进入盛花期,叶片变小,叶质加厚,并有少量干梢,林木间的矛盾缓和,自然稀疏基本停止。林木在生物学及工艺方面都已进入成熟,这时林分应进行主伐利用。

2.楸树林生长发育阶段与林龄的关系

楸树林生长发育阶段,由于树种、环境条件以及管理措施不同,各个时期的特点有很大差异。为了营林生产,特别是抚育间伐作业时参考,我们将楸树林生长发育阶段与林龄的关系拟制成下表。

楸树林生长发育阶段与林龄的关系

发育阶段	林龄		相应龄阶
	天然林	人工林	
形成阶段(幼龄林)	1~10年	1~5年	Ⅰ
生长阶段(中壮龄林)	11~30年	6~20年	Ⅱ~Ⅳ
成熟阶段(成熟林)	31~50年	21~30年	Ⅴ~Ⅵ

3.抚育间伐的种类和方法

根据楸树的生物学特性和林分生长发育特点以及营林生产的实际需要,楸树林抚育间伐主要包括透光伐和生长伐两种。

(1)透光伐:在幼龄林中进行的一种抚育间伐作业,主要解决林木之间的矛盾,调整林木组成(混交林),伐除生长不良的林木等。透光伐是在Ⅱ~Ⅲ龄阶的林分中进行作业,人工林10~15年,天然林15~20年。透光伐进行一次往往不够,需根据次要树种的萌芽状况确定重复次数,一般每隔2~3年或3~5年再进行1次或2次。

透光伐实施的方法有三种,分别为全面抚育、团状抚育和带状抚育。根据楸树树种特性、林分结构和抚育所得到的材种等因素,研究和创造了各种各样的生长抚育方法,可归纳为下层抚育法、上层抚育法、综合抚育法。人工林主要采用上层抚育法,砍伐密度过大、生长不良的林木,割除灌木杂草,改善林分生长条件。天然林,特别是混交林,调整林木组成是一项重要内容。透光伐作业的方式,可以是全面抚育,亦可局部抚育。间伐先在株间进行,后在行间进行,使株行距逐渐加大。

(2)生长伐:在中龄林中进行的一种抚育间伐作业,主要是伐除生长过密、生长不良的林木,继续解决林木间的矛盾,给林木创造适宜的营养空间,促使林木生长。

人工林由于造林规格整齐,间伐作业简单,方法易行,功效也高,伐后林木分布均匀。为了弥补砍伐木和保留木有好有坏的缺点,必须强调"三砍三留"原则。天然林由于林分情况复杂,可以采用综合抚育法进行作业,坚持砍坏留好的原则,保证留好目的树种,改善林分条件,提高林分生长量。

在抚育间伐作业中,化学药剂除草灭灌是一种好方法。目前,应用最广泛的药剂是2,4-D(二氯苯氧乙酸)和2,4,5-T(三氯苯氧甲酸)及调节膦、草甘膦等。可进一步试验,并总结推广之。

4.楸树林抚育间伐技术

(1)抚育间伐时间:抚育间伐时间包括开始期、间隔期和结束期3个阶段。要综合考虑树种的生物学特性、立地条件、林分密度、生长状况及交通、劳力、小径材的销售等问题。

①楸树林分间伐的起始年限。合理确定楸树林分间伐的起始年限,对提高林分生长量和林木质量有着重要意义。因为这一时期林木的高、径生长均处于速生期,延误间伐林木的生长损失最大。透光伐的开始期一般应在树高和树径速生期出现前后,即10年左右为宜。具体来说,有以下方法确定抚育采伐开始期:按林分生长量分析确定,楸树直径和断面积连年生长量明显下降的年份为开始抚育间伐的时间;按林分分化的程度确定,一般认为,当Ⅴ、Ⅵ级木在林分中的数量比例达到30%左右时进行首次

间伐,林分直径的离散度和林分中径木所占株数达到一定程度时也应开始抚育间伐;按林分的外貌特征确定,林木树冠发育受阻、自然整枝明显加强以及郁闭度达 0.9 左右时开始抚育间伐;按标准表和密度管理图表确定,根据抚育采伐标准和密度管理图表确定首次抚育采伐期。

②楸树林分间伐间隔期。楸树林分间伐间隔期的长短,主要决定于林分郁闭度增长的快慢。当林分间伐若干年后重新郁闭,林木生长又开始下降时,应再次间伐。间伐期与林分的生长量关系密切,年平均生长量大,间伐间隔期短;年平均生长量小,间伐间隔期长。

③楸树林分间伐结束期。主伐前的最后一次间伐,其目的是加大直径生长量的总量,因此又称为生长伐。根据楸树生长发育阶段,林分最后一次间伐就是生长伐,适宜的时间是Ⅳ～Ⅴ龄阶,也就是人工林 20 年左右,天然林 35～40 年。

④楸树林分间伐作业期。一般全年都可进行,华北以冬季为好,华南则是秋末至早春休眠季节较好,这时在劳力组织和作业施工方面也有利。

(2)抚育间伐强度:抚育间伐强度直接影响抚育间伐的效果,是抚育间伐技术中的关键问题。合理的间伐强度应该是:维护林分的稳定性,给留下的林木创造最适宜的生长发育条件,每次间伐量应低于间隔期内林分的总生长量。

①间伐强度的确定。要从楸树的特性、林分特点、经济条件及间隔期等多方面考虑。

透光伐：人工林可伐去原有株数的25%～30%或蓄积量的15%～20%，天然林可伐去原有林分蓄积量的10%～15%。

生长伐：人工林可伐去原有株数的15%～20%或蓄积量的10%～15%，天然林伐去原有林分蓄积量的15%～20%。间伐后林分的郁闭度，人工林不应低于0.6，天然林不低于0.5，并严禁造成天窗和疏林地。

②间伐强度的要求。有利于提高楸树的健康性和稳定性，促进保留林木的材积生长和形质生长；有利于改善林分的生态条件，促进保留林木的材积生长总量增加；有利于增加经济收入，每次抚育采伐量不应该大于采伐间隔期内林分的总生产量。

(3)间伐木的选择：在抚育间伐作业中，间伐木的选择也是一个重要的技术环节，只有正确选择间伐木，才能达到抚育间伐的预期目的。间伐木的选择，实际上是通过对比对林木进行淘汰。全国各地在生产实践中总结出来的"三砍三留"和"四看四保证"作业方法，就是对间伐木选择方法的概括，即砍劣留优、砍密留稀、砍小留大；看树冠保证郁闭度合理，看树干保证去劣留优，看周围保证密度适宜，看树种保证选准保留木。

在楸树林分中，确定间伐木时应注意以下几个问题：

①淘汰低价值的树种。在楸树天然混交林中,生长不良的楸树与生长好的非目的树种相互影响,应伐除楸树。在楸树人工林中,为了改良土壤,改变树种结构,适当保留一些非目的树种是可行的。

②淘汰生长不良的林木。在抚育间伐作业中,应砍去多梢木、双杈木以及弯曲、多节、偏冠、尖削度大、品质低劣和生长势弱的林木,以改善林分品质,提高林分生产力。

③伐除有碍林分卫生的林木。为了维护楸树林分的良好卫生环境,应及时伐除病虫林木,生理枯梢、干部受伤、枝叶稀疏的林木亦应适量伐除。

四、水肥管理

(一)施肥

施肥可以提高楸树林地的土壤肥力,改善幼林营养状况,从而加快生长速度,促进林木速生丰产。楸树幼林施肥与同等条件不施肥相比,其高和径的年生长量可提高20%~30%。山东速生丰产用材林施肥始于20世纪70年代,80年代以后逐步得到普及。楸树等树种的施肥试验表明,合理施肥能提高叶片的营养元素和叶绿素的含量,增加叶面积,促进树高、胸径、材积生长。生长量的增加幅度因树种、立地条件、肥料种类、施肥量而异,一般树高增加8.7%~21.0%,胸径增加12.7%~34.0%,材积增加32.2%~101.0%。施肥还能提高用材林木的健康水平,减轻病害。

山东省不同林地各种养分的含量有所差别,比较普遍地缺乏有机质和氮、磷,部分林地缺钾,部分林地土壤还缺乏硼、锌、铁等微量元素,应根据土壤养分的缺乏情况合理施肥。苗木施肥,应以底肥为主,辅以追肥。

张新胜等人通过实验数据分析得出:

(1)在速生期(个别情况比对照低),施肥对幼林生长均有不同程度的促进作用,说明对幼林施肥是完全必要的。

(2)施肥对幼林生长的促进作用逐年提高,各处理组树高连年生长量第三年达最大值,胸径连年生长量第四年达最大值。说明在土壤条件较好的情况下,第一年可以不施肥。

(3)施肥对幼林生长的促进作用大小排序为单株材积>胸径>树高。

(4)施肥能增加速生期的速生量,树高增加19.5%~56.1%,胸径增加10.4%~28.9%。

1. 肥料的种类

(1)有机肥料:有圈肥、厩肥、人粪尿、饼肥和绿肥等。

(2)化学肥料:主要有氮素化肥、磷素化肥、钾素化肥、复混肥和微量元素肥料。

氮素是组成植物蛋白质和核酸的重要成分,也是组成叶绿素和多种维生素的成分,是植物生长所需的主要营养元素,占植物干重的 0.3%～5.0%。

对比不同供氮量下苗木的生长情况,发现随着供氮量的增大,苗高生长量呈先升高后降低的趋势,地径、叶片数、叶面积、茎、叶的生物量呈增大的趋势,而根冠比不断降低;叶绿素 a、叶绿素 b 及类胡萝卜素含量升高,但蛋白质含量却不断降低。通过综合分析苗高、地径和生物量三个性状,确定楸树无性系 1～4 年生幼苗生长的最适氮浓度为 16 mol/L。因此,在育苗和人工林营造过程中,应该为幼苗提供与此相当的氮素条件。但是,楸树种内存在着丰富的遗传变异,不同无性系的需氮特性可能差异较大,所以还需更进一步进行较多的无性系需氮特性研究,以便更好地为楸树推广应用提供科技支撑。

传统的施肥方式一般都是大量施肥,氮素的吸收利用效率严重低下,所以我们建议根据楸树的生长和需肥特点,采用"少施多次"的施肥方法,从而提高楸树的氮素吸收利用效率和造林成活率。

(3)绿肥:绿肥又称菌肥,是一种利用生物固氮增加林地有机质和养分的有效方法,如固氮细菌、根瘤菌、磷化细菌、钾细菌的菌肥及菌根制剂等,在有条件的地方可以大力推广。

2.基肥

一般在造林时施用,多以有机肥为主,也可加入部分长效的颗粒状复合肥料等无机肥。栽植时施入穴内,一般亩施厩肥、堆肥2 000～4 000 kg、化肥50～75 kg。

3.追肥

追肥的方法有土壤追肥和根外追肥两种。

（1）土壤追肥：一般采用速效肥或腐熟的人粪尿，常见的速效肥有草木灰、硫酸铵、尿素和过磷酸钙等。追肥要按照"由稀到浓，少量多次，适时适量，分期巧施"的原则进行。

（2）根外追肥：根外追肥是在幼树生长期间将肥料溶液喷洒到叶面使之吸收的方法，既可减少肥料流失，又可迅速收效。根外追肥要注意使用浓度，一般磷、钾肥最适浓度为10%，尿素最适浓度为0.2%～0.5%。根外追肥一般每年3～4次效果才会显著。

4.施肥时期

楸树丰产林于每年5～7月速生期追施2次，每株施尿素0.1～0.2 kg。每隔1～2年，于10月中旬树木封顶后，每株施有机肥40～50 kg、过磷酸钙0.5～1.0 kg，山区可结合施肥深翻扩穴。幼林期可农林间作。林分郁闭后每年中耕1～2次，丰产林应继续灌水、施肥。播种苗应在幼苗出土1个月后开始追肥，此后间隔10天施一次，整个生长期内施5～6次。扦插苗应在生根或新梢萌发后追肥，移植苗宜在生长前期施肥。沙土通气良好，有机质易分解，但吸收量少，保肥力差，表层土易干燥，根系分布较深。因此，沙土应多施有机肥，追施化肥要分次施用，并适当深施。黏土透气性差,保肥力强,可适当减少施肥次数,增加每次用量,施肥可浅一些。

5. 施肥量与施肥方法

(1)施肥量:根据山东省楸树施肥研究资料和林业生产经验,造林时要施足基肥,每公顷施土杂肥 2 t 以上,掺入 90~120 kg 磷肥(过磷酸钙 750 kg)。造林后每年追施氮素化肥 2 次,1~3 年生幼林每年每公顷施氮素 45~68 kg(相当于尿素 105~150 kg)。四年生以后的林分每年每公顷施钾素 68~135 kg(相当于尿素 150~300 kg)。磷、钾含量偏低的土壤,可配合追施磷、钾肥,一般用量为每公顷施过磷酸钙 450 kg、硫酸钾 150 kg。林木的落叶中含有各种矿质元素和有机质,落叶分解后可以向土壤归还部分营养元素,并改善土壤结构。因此,要注意保护林下凋落物,秋冬季节埋压到土壤中。

(2)施肥方法:造林时将基肥与土拌匀,集中施入植树穴内根系主要分布的深度范围,一般为 20~40 cm 深。造林以后,有机肥可集中穴施或条状沟施,深度 40 cm 左右。追肥一般在树冠外围挖条状沟沟施,深度 20~30 cm,然后埋土、灌水。

(3)合理施肥:幼林施肥一般可从第二年开始,宜在速生期即将到来之前及速生期的前期和中期。如化肥、人粪尿,第一次施肥期宜在 4 月中下旬,第二次宜在 5 月上中旬,第三次宜在 6 月份。追肥宜在 3 月下旬至 4 月上旬施用,依据营养诊断结果,本着缺啥补啥的原则,适当确定肥料、配比及用量。在干旱的情况下,肥料往往难以发挥肥效,所以施肥最好与灌溉结合进行。

6.施肥技术及注意要点

施肥要少施勤施。磷肥要施在苗根以下附近,不要与根直接接触。复合肥最好用作追肥,环施或沟施,不要与苗茎接触。氮肥追施时最好用水稀释后再用,低浓度,多次施。微量元素和尿素要用水稀释后施用,或作叶面追肥。尽可能少施化肥,除非经过土壤化验认为可以多施一点,否则施肥太多会烧苗。长期单独施用单一元素的肥料会抑制其他营养物质的吸收和利用。氮肥施用太多时,多余的氮会被雨水冲走或被带到地下水中污染饮用水。氮肥太多也会抑制土壤中的菌根菌,菌根菌是苗木根吸收磷肥的好帮手。

(二)灌溉

水分在林木生命活动中有重要意义,满足林木对水分的需要是保证林木正常生长发育和优质丰产的重要基础。山东省年降水量较少且分配不均,春季经常发生土壤干旱,有时也发生夏、秋及冬季干旱。灌溉是补充林地土壤水分的有效措施,对提高造林成活率、保存率,提早郁闭、加速人工林生长具有十分重要的作用。

灌溉是人为改变土壤水分供应状况的有力措施之一,对于水分不足及水分状况不稳定地区造林有重要意义。

据研究,在干旱地区灌溉,地上生长的杨树、刺槐、榆树等每年高生长量能超过 2 m。此外,灌溉还能改变某些树种的季节生长规律,使原来的干旱季节生长低潮变为生长高潮,延长生长季节。

楸树是一个对水分敏感的树种,楸树苗期水分管理是影响楸树苗木质量的重要环节。采用盆栽试验方法,人工控制土壤含水量,研究楸树苗木速生期不同水分管理对幼苗苗高、地径、根系生长量、生物量分配以及生理质量指标的影响。结果表明,速生期楸树幼苗最适宜的土壤含水量为100%田间持水量,一般应保持在80%~100%田间持水量之间。低于80%田间持水量,会使楸树幼苗的苗高与地径生长、根系发育、生物量积累都受到严重限制,苗木生理质量指标如叶绿素含量、根系活跃吸收面积和叶片相对含水量明显降低,而叶片质膜透性增加,细胞膜受到严重伤害;40%田间持水量时,幼苗因干旱而死亡。

1. 灌溉时期

确定灌溉时期主要依据林木的需水特点和土壤水分状况,一般在4~6月份灌溉,此时气温升高、光照充足,林木生理活动旺盛,即将或已经进入一年内的速生期,而土壤又经常干旱,灌溉可以显著提高土壤含水量,增加林木的叶面积和树高、胸径生长量。7月份以后已进入雨季,灌溉对土壤含水量和林木生长量一般没有显著影响,但是雨季延迟或发生严重伏旱时也需灌水。

2. 灌溉时间

(1)苗木播种前灌水:此时灌水应观察土壤是否湿润,根据墒情灌水,首次灌水一定要灌足。

(2)苗木出齐后灌水:此时灌水不宜过大,以保持苗圃地湿润、提高地温为原则。

(3)苗木追肥后灌水:此时灌透水,不仅能防止苗木产生肥害,而且能使肥料尽快被苗木吸收。

(4)苗木封头后灌水:此时灌水有利于提高苗木地径,延长落叶时间。

(5)苗木冬眠后灌水:此时灌水既能保护苗木根系,使之继续吸收营养,又能使水渗透入土壤中。

另外,地面灌溉宜选择在早晨或傍晚进行,此时蒸发量较小,水温与地温差异也较小。用喷灌降温时,应在中午温度高时进行。

灌溉的结束期宜为霜冻到来前6~8周,停灌过早,对苗木生长不利;停灌过晚,会降低苗木的抗寒抗旱性。

3. 灌溉量

灌溉量应根据树木生长发育的需水程度和灌溉方法确定,大树比幼树的灌水量要多,高温、干旱季节灌水量要多,沙地的保水保肥力差,宜少量多次灌溉。

一般情况下,当土壤相对湿度为60%~80%时,土壤中的水分和空气状况符合树木生长的需要。因此,掌握灌水量大小的基本原则是使树木主要根群分布层的土壤相对湿度保持在60%~80%。当土壤相对湿度低于田间持水量的60%,树体呈现缺水状态时即应灌溉。灌水过多,土壤通气不良;灌水过少,不能满足树木对水分的需要,只湿润土壤表层,还易引起根系上返,削弱树木抗旱能力。

4.灌溉方法

传统的灌溉方法有树盘灌、畦灌、分区灌、沟灌和穴灌。现代节水灌溉主要应用喷灌、滴灌,优点是用水量少、水分利用率高。但这些方法需要专门的灌溉设备,增加了投资。

(1)喷灌:喷灌的优点是基本不产生深层渗漏和地表径流,一般可节约用水20%以上;减少对土壤结构的破坏,保持土壤原有的疏松状态;可节省劳力,提高工效,并可供喷药和根外追肥用。喷灌对土地平整的程度要求不高,地形复杂的林地亦可应用。

(2)滴灌:滴灌系统的主要组成部分是水泵、化肥罐、过滤器、输水管、滴水管和滴水器。滴灌的优点是:仅浸湿根系周围的土层和表土,减少水分蒸发和渗漏损失,比喷灌省水50%左右;在气温越高、越干旱的地区,省水效果越显著,在水源流量小的地方可使少量水发挥较大的作用;滴灌系统可以全部自动化,节省劳力,适用于各种丘陵山地;不破坏土壤结构,保持土壤原有的疏松状态;能经常对根域土壤供水,保持适宜的土壤含水量和通气状况,为树木根系生长创造适宜的水分、温度和通气条件;还可以结合施肥,改善树体营养。滴灌的缺点是:需要管材较多,投资较大;管道和滴头易堵塞,对过滤设备的要求十分严格。

五、树体管理

树体管理包括伐条、疏芽、摘心、剪梢和整枝等工作,当年新营造的楸树林在树体萌动前需及时进行平茬或截干,平茬高度在嫁接点树干基部上3~5 cm处,截干高度在顶芽以下20~30 cm、健壮饱满芽以上2~3 cm处。楸树萌芽多而快,要及时抹芽定干,定干时做到留优去劣。方法是萌条长至20 cm左右时,每株选留一个位于顶部的健壮萌条,其余萌条全部抹掉,使其保持一根主干。营造的楸树林在第二年树体萌动前进行第二次重截定干,高度保留150~200 cm,萌条处理与第一年相同。生长两年后楸树主干达到4 m以上时不需要再进行树体处理,主要是对树木进行整形修剪。

20世纪70年代,山东对用材林整形修剪做了多项试验,积累了较丰富的经验,总结出"轻修枝、重留冠,去竞争、留辅养,冬打头、夏控侧"的疏截结合修枝方法(李永新、王彦等,1975)和"去竞修枝法"(任善斌,1977)等,均有良好的效果。

(一)整形修剪的目的

当自然整枝不能满足人们对木材质量的要求时,必须对林木进行人工整枝,以调节树冠各类枝条的关系,促使主梢直立、粗壮,侧枝均匀,树木长势旺盛,有良好的干形、冠形,以培养高大、通直、圆满的树干,生产优良木材。通过人工整枝可达到以下目的:

(1)消灭木材的死节,减少活节(由活的枝条形成),增加晚材率,提高原木和成材的等级;

(2)增加木材的生长量,促进林分优质、速生、丰产;

(3)减少森林火灾和病虫害;

(4)改善林内环境条件,方便交通及其他营林工作;

(5)提供燃料、饲料和肥料,增加林业收益。

(二)整形修剪技术要领

保留较大树冠,扩大光合面积,促进林木生长;选留直立的主枝,修除或控制竞争枝和强壮的侧枝,多留辅养枝,修除树干基部的萌生枝和病虫危害枝;整枝切口应平滑、不开裂,并防止剥皮,以减少病虫害感染和侵袭。

(三)整形修剪方法

1.冬季修剪

在树木落叶后至发芽前进行,主要是选留主枝、去除竞争枝,必要时对主梢短截促壮。选择生长健壮、直立、高出其他枝的一年生新枝作主干枝培养。对二年生以上的粗大竞争枝,为避免伤口过大,可剪到该枝的弱次枝上,削弱其长势,以后再剪除;轮生枝应分几次剪除,以免影响树势。

对于因自然灾害或管理不当造成树干弯曲、枝条横生、无明显主梢的幼树,可在树干直径尚未超过 4 cm 的部位,将其上的弯曲部分截掉,另培养直立的主梢。

2.夏季修剪

主要是控制竞争枝,每年可进行 2～3 次。第一次夏剪为"定头控侧",5 月上中旬(弱树稍迟)新梢长 30 cm 左右时,选留 1 个直立健壮的新枝作为主枝培养,其余几个新枝剪去其长度的 2/3 左右,控制其生长。对于生长过旺、高出主枝的侧枝,也要适当剪截。第二、三次夏剪可于 6 月中下旬和 7 月中下旬进行,主要剪截直立、强壮、徒长的竞争枝,"强枝重控、弱枝轻控",一般剪去竞争枝长的 1/2 左右,粗大枝重剪到该枝的弱二次枝上。

(四)整形修枝时期

整形修枝开始的时期,一般以林分郁闭、树冠下出现枯枝为标志。在立地条件好、林木生长快的地区,以及少林和经济条件好的地区,整枝的开始时间宜早,反之宜迟。

一般在晚秋或早春(隆冬除外)进行修枝。有些萌芽力较强的楸树品种,冬春季整枝伤流严重,易染病害,应在树木生长旺盛的季节整枝。

楸树整形修枝间隔期一般为 2～3 年。

(五)整形修剪的方式

1.平茬

楸树萌芽力强,造林初期,由于人为、病虫、自然灾害等因素造成的干性不好、生长不良的幼树,可以在春季发芽前齐地平茬,并加强管理,使其新生主干。

2.除蘖

楸树根系萌蘖力很强,由于机械损伤、病虫灾害或者人为平茬,根蘖条萌发,使树体失去顶端优势,严重影响主干生长。进行幼林抚育作业时,要及时除蘖,以保证主干通直生长。每个伐桩上的萌生条,只选留1~2条健壮的,其余的全部砍去,砍口应呈尖削形。需特别注意的是,除蘖应在早期进行,且需进行数次。

3.摘芽

为了培育楸树良材,摘芽是整枝的另一种形式,即在侧芽膨大,芽尖呈绿色时,把芽摘掉或抹去部分芽。摘芽的高度一般在树干下部和基部,以省去以后的整枝。这项作业既省工又不伤干,且切口愈合快,是一项很好的抚育方法。

4.修枝

楸树幼林阶段一般不进行修枝,但对一些干形不良,或有碍顶端优势的竞争枝、粗壮侧枝及树冠下部垂死的枝条,可摘心、短截或疏除。修枝在树木停止生长的季节进行,修枝时剪口要平或呈凹陷状,以促使其愈合,不结疤。修枝的强度不可过大,要保持幼树的冠高比为2∶3,中龄树的冠高比为1∶2或1∶3。

5.定主芽

顶部萌芽生长到2~3 cm时定主芽,即保留最壮的萌芽为主干顶芽,抹去其他萌芽,并将第2轮萌芽全部抹掉,以促进顶芽生长。截干苗造林后,在芽萌条生长到40 cm时进行定株,即保留最壮的萌条作为主干,剪除其他萌条。定株时一定要用修枝剪剪除其他萌条,不可直接用手掰,以免伤害主干。

6.抹芽

树木进入生长旺季时,要及时抹除主干上萌生的侧芽。造林当年要尽可能将主干上的侧芽全部抹除,以保证主干生长。以后几年则侧重于抹除树干中下部的萌芽,保留上部的萌芽形成树冠。抹芽时不能在树干上留下斜茬或伤痕,更不能碰掉树叶。

第六章

楸树病虫害防控

危害楸树的病虫害较多,主要有十几种,主要害虫有楸螟、小地老虎、泡桐灰天蛾、银杏大蚕蛾、褐点粉灯蛾、泡桐叶甲、刺槐尺蛾、大灰象、大青叶蝉、普通叶螨、星天牛等,主要病害有根结线虫病、立枯病、白粉病、炭疽病等。目前对楸树造成较大危害的是楸螟。这些病虫害不同程度地危害楸树的枝、叶、干、根等部位,严重影响楸树的发展。

一、病害防控

1. 根结线虫病

(1)形态与习性:根结线虫病是楸树的主要病害,危害楸树根部,在主根、侧根和小根上形成0.5~2.0 cm大小的柔软圆瘤,切开有白色粒状物,即为线虫,可使病根腐烂,叶片萎蔫,植株逐渐枯死。

根结线虫是一种高度专化型的杂食性植物病原线虫,

雌雄异体,有趋水性和趋化性。幼虫呈细长蠕虫状。雄成虫线状,尾端稍圆,无色透明,大小(1.0～1.5)mm×(0.03～0.04)mm。雌成虫梨形,多埋藏在寄主组织内,大小(0.44～1.59)mm×(0.26～0.81)mm。活动状态的根结线虫对环境的适应能力较差,不耐高温、低温、水淹、干旱、缺氧、高或低pH和高渗透压等;未孵化的卵和卵囊中的卵适应恶劣环境的能力较强,以休眠状态存活在土壤中。根结线虫生长发育的适宜土壤温度为20～30℃,土壤湿度为10%～17%。土温低于12℃时不能侵入寄主,低于10℃时停止活动,高于28℃时对根结线虫生活不利,高于55℃ 5 min即可致死。根结线虫大多分布在10～30 cm深的耕作层中,幼虫在土壤中能生存1年,以幼虫在土壤中越冬,或以成虫和卵在寄主体内越冬,翌年3～4月孵化成幼虫。有研究发现,0～5℃的低温能杀死南方根结线虫幼虫,但不能杀死卵,根结线虫在土壤里无寄主存在的条件下,仍可存活3年之久。

(2)防治方法:必须严格实行以防为主、综合防治的植保方针,着重抓好农业、物理防治措施,配合化学及生物防治,才能有效地预防其危害。

①加强检疫,禁止带病种根和苗木运往无病区。

②避免楸树与梓、泡桐、桃树、苹果等连作;实行轮作,避免重茬(育苗)造林。

③起苗后将表土深翻,掩埋虫瘿;大水冬灌,使根结线

虫窒息而死。

④高(低)温抑虫。利用夏季高温休闲季节,起垄灌水覆地膜,密闭棚室两周,或利用冬季低温冻垡等,均可抑制根结线虫发生。

⑤造林前结合整地每穴施入5%神农丹(涕灭威或铁灭克)或5%可线磷40 g加以预防。

⑥发现此病危害,可于苗根附近穴施或沟施神农丹,每穴用量50～100 g;或穴灌80%二溴氯炳烷乳剂,每穴用药2～3 mL。

2.立枯病

(1)形态与习性:立枯病又称"死苗",主要由立枯丝核菌(属半知菌亚门真菌)侵染引起,多发生在育苗中后期。主要危害幼苗茎基部或地下根部,初为椭圆形或不规则形暗褐色病斑,病苗早期白天萎蔫,夜间恢复,病部逐渐凹陷、溢缩,有的渐变为黑褐色,病斑扩大绕茎一周,最后干枯死亡,但不倒伏。轻病株仅见褐色凹陷病斑而不枯死。苗床湿度大时,病部可见不甚明显的淡褐色蛛丝状霉。

立枯丝核菌菌丝有隔膜,初期无色,老熟时浅褐色至黄褐色,分枝处成直角,基部稍缢缩。病菌生长后期,老熟菌丝交织在一起形成菌核。菌核暗褐色,不定形,质地疏松,表面粗糙。

病菌以菌丝和菌核在土壤或寄主病残体上越冬,腐生性较强,可在土壤中存活2～3年。病菌生长适温为17～

28℃,12℃以下或30℃以上病菌生长受到抑制,故苗床温度较高,幼苗徒长时发病重。土壤湿度偏高,土质黏重以及排水不良的低洼地发病重;光照不足,光合作用差,植株抗病能力弱也易发病。通过雨水、流水、带菌的堆肥及农具等传播,病菌发育适温20～24℃。刚出土的幼苗及大苗均能受害,一般多在育苗中后期发生,播种过密、间苗不及时、温度过高易诱发本病。

(2)立枯病可表现为四种不同的症状类型:

①种芽腐烂型。种子发芽前后尚未出土时,种芽在地下腐烂死亡,苗床上常发生缺苗断条现象。

②猝倒型。发生在幼苗出土后不久,苗木茎部尚未木质化之前,病菌自根茎侵入造成组织腐烂坏死,呈半透明状,苗木倒伏。该种症状5～7月发展很快,苗床上常出现团块状缺苗。

③茎叶腐烂型。幼苗出土后,当苗木过密或空气湿度过大时,幼苗常茎叶黏结或出现白毛状丝,苗木萎蔫、死亡。

④立枯型。苗木后期被侵染,此时苗木已木质化,根皮和细根感病后,组织腐烂、坏死,地上部分失水萎蔫,但直立不倒伏。拔起病苗,根皮留于土中,俗称"脱裤子"。

(3)防治方法:

①严格选用无病菌新土配营养土育苗。

②加强田间管理,出苗后及时剔除病苗。雨后应中耕

破除板结,以提高地温,使土质松疏通气,增强抗病力。

③药剂拌种,用药量为干种子重的 0.2%～0.3%,常用农药有拌种双、敌克松、苗病净、利克菌等拌种剂。

④秋耕冬灌,将表土病菌和病残体翻入土壤深层。

⑤发病期可用 40%多菌清胶悬剂 500 倍液喷雾,连喷 2 次。

3.白粉病

(1)形态与习性:白粉病主要分布于江苏、浙江、湖北、河南、山东、贵州、四川等地,自幼苗到成苗均可发病,主要危害叶片,也危害嫩茎、花柄及花蕾、花瓣等部位,初期为黄绿色不规则小斑,边缘不明显。随后病斑不断扩大,表面生出白粉斑,最后该处长出无数黑点。染病部位变成灰色,连片覆盖其表面,边缘不清晰,呈污白色或淡灰白色。受害严重时叶片皱缩变小,嫩梢扭曲畸形,花芽不开。一般情况下部叶片比上部叶片多,叶片背面比正面多。霉斑早期分散,后联合成一个大霉斑,甚至可以覆盖全叶,严重影响光合作用,使正常新陈代谢受到干扰,造成早衰,产量受到损失。

(2)防治方法:

①选择抗病品种。

②在购入苗木时要严格剔除染病株,杜绝病源。

③进行扩繁时,要剪取无病虫的枝条或根蘖作为无性繁殖材料。

④苗木出圃时进行药剂防治,严防带病苗木传入新区。

⑤发现此病危害,可用50%甲基托布津可湿性粉剂喷雾,每隔5~7天一次,连喷2~3次。

4.炭疽病

楸树炭疽病主要危害楸树叶片和嫩梢,高温高湿期及通风条件差的环境下易发病。发病后叶片萎蔫并脱落,在养护过程中要注意通风透光,加强水肥管理,提高植株的抗病能力。如果有发生,可喷洒80%炭疽福美可湿性粉剂500倍液进行防治,每7天一次,连续喷3~4次可有效控制病情。

二、虫害防控

(一)楸螟

1.形态与习性

楸螟幼虫钻蛀嫩梢、树枝和幼干,容易造成枯梢、风折、断头及干形弯曲,不仅显著影响林木正常生长,而且降低木材工艺价值。成虫体浅灰褐色,翅白色,前翅近外缘处有深赭色波状纹两条,翅中央近内侧有一个似正方形的赭色大斑纹,翅基有一短横线,后翅有赭色横线三条。楸螟一年发生2代,以老熟幼虫在枝干中越冬,第2代成虫羽化盛期及第1代幼虫孵化盛期(5月)是进行药剂防治的最佳时期。

楸螟发生危害的程度与树龄、树高有关,一般苗木及五年生以下的幼树受害重,树高达 4 m 以上的受害轻,10 m 以上的大树一般不受害。树冠上部枝条受害重(尤其主梢),中部枝条次之,下部枝受害轻。幼虫蛀食楸树嫩枝、新梢,在危害部位造成瘤状突起,导致枯梢、干形弯曲,降低木材使用价值,严重危害时高达 70% 左右。

2.防治措施

(1)物理、生物防治:

①适当营造混交林。

②对苗木加强检疫,不使带虫苗木外运。

③结合冬春整枝,及时剪除烧毁虫害、虫巢、虫卵枝。

④成虫羽化期进行灯光诱杀。

⑤在 9 月份,幼虫缀丝入土期,于树冠下的地面喷洒白僵菌粉,然后耙松土层,以杀死入土的幼虫,或招引益鸟啄食害虫。

(2)化学防治:

①4 月下旬至 5 月上旬喷洒 40% 氧化乐果 2 000~3 000 倍液,或 50% 杀螟松乳油 1 000 倍液,或 90% 敌百虫 1 000~1 500 倍液,毒杀成虫和初孵幼虫,每隔 7~10 天喷药一次,连续防治 2~3 遍。

②一年生幼林,根埋 3% 呋喃丹颗粒剂,每株用量 25 g。

③用 40% 乐果乳油或 50% 杀螟松乳油 100 倍液涂抹树梢或原液涂干。

目前,楸螟天敌还未见报道。调查发现楸螟的天敌,对楸螟的生物防治具有重要意义。

秋螟对不同类型幼龄楸树危害状况

类型	树龄（年）	生长量		全树枝条数	受害枝条数	受害率（％）
		平均树高（m）	平均胸径（cm）			
槐皮楸	7	6.5	7.0	157	79	50.3
金丝楸	7	5.5	10.0	213	73	34.3
细皮灰楸	4	3.0	5.2	241	77	31.9
长果楸	7	6.2	7.3	364	40	10.9
心叶楸	7	6.0	7.4	378	46	10.3
窄叶灰楸	9	4.2	7.0	621	79	10.3
光叶楸	7	6.4	8.2	172	8	4.6

注:河南省洛阳市林业科学研究所试验场,1983年3月9日调查。

(二)大袋蛾

大袋蛾为鳞翅目蓑蛾科褁蓑蛾属的一种食性多样的害虫,幼虫取食树叶、嫩枝及幼果,大发生时可将全部树叶吃光,是灾害性害虫。

1.形态与习性

大袋蛾雌雄异体,雌成虫无翅,乳白色,肥胖,呈蛆状,头小、黑色、圆形,触角退化为短刺状,棕褐色,口器退化,胸足短小,腹部8节均有黄色硬皮板,节间生黄色鳞状细毛。雄虫有翅,翅展26～33 mm,体黑褐色,触角羽状,前、后翅均有褐色鳞毛,前翅有4～5个透明斑。卵椭圆形,淡黄色。雌幼虫较肥大,黑褐色,胸足发达,胸背板角质,污白色,中部有两条明显的棕色斑纹;雄幼虫较瘦小,色较淡,呈黄褐色。雌蛹黑褐色,体长22～33 mm,无触角及翅;雄蛹黄褐色,体细长,17～20 mm,前翅、触角、口器均很明显。雄虫5月中旬开始化蛹,雌虫5月下旬开始化蛹,雄成虫和雌成虫分别于5月下旬及6月上旬羽化,并开始交尾产卵。6月中旬幼虫开始孵化,6月下旬至7月上旬为孵化盛期,8月上中旬危害剧烈,9月上旬幼虫开始老熟越冬。成虫羽化一般在傍晚前后,雄蛾在黄昏时刻比较活跃,有趋光性,夜间8～9时诱到的雄蛾最多,约占全夜诱获量的80%。该虫一般在干旱年份易猖獗成灾,6～8月总降水量在300 mm以下时大量发生,在500 mm以上时发生少,不易成灾。

2.防治措施

(1)人工防治:冬季或早春摘除袋囊。

(2)化学防治:采用90%敌百虫1 000～2 000倍液防治1～3龄幼虫,500～800倍液防治4～5龄幼虫,杀虫率可达90%～100%;采用50%马拉松乳剂1 000倍液、50%亚胺硫磷800倍液或敌敌畏800倍液,也有良好的效果。

(3)生物防治:喷洒0.2%苏云金杆菌或青虫菌1 000倍液防治。

(三)小地老虎

小地老虎属杂食性害虫,在我国发生极为普遍,是对林木、果树、农作物幼苗危害很大的地下害虫。对楸树幼苗危害,主要是切断根茎,轻则造成缺苗断垄,重则成片毁灭,损失严重。

1. 形态与习性

成虫体长 17～23 mm,翅展 42～54 mm;体灰褐色,前翅棕褐色,内外横线均弯曲成波浪形,将前翅分成三部分,中室具有黑色的肾状纹,肾纹外有一个尖端向外的楔形黑斑,外缘上有两个尖端向内的黑斑;后翅灰白色,纵脉及缘线褐色,腹部背面灰色,雄虫触角分支仅达全长的1/2。卵馒头状,直径约 0.5 mm,高 0.3 mm 左右,表面有纵横隆线;初产时白色,后渐变黄,孵化前卵顶有黑点。幼虫黑褐色,体长 18～24 mm,宽 5～6 mm;体表面粗糙,密生明显的大小不均匀的颗粒;臀板黄褐色,其上具有两条明显的深褐色纵带。蛹赤褐色,有光泽,体长 18～24 mm,宽 6.0～7.5 mm。此虫一年发生的代数,随各地的气候不同而变化,一般由南至北发生代数逐渐减少,东北地区 1～2 代,西北高原地区 2～3 代,华北地区 3～4 代,长江以南 4～5 代,愈往南,年发生代数愈多,南部亚热带地区的广东、广西、云南南部,一年 6～7 代。但无论年发生代数多少,各地均是第一代幼虫危害最严重。长江以南以蛹和幼虫越冬,南部亚热带地区,各虫态都能正常活动,小地老虎在北方的越冬问题还不太清楚。越冬代成虫的发生期,全国各地也不一致,一般始期在3月下旬至4月上旬,盛期在4月中下旬,末期在5月上中旬。

小地老虎各地越冬代数及成虫发生期

地点	每年代数	始期	盛期	末期
宁夏银川	2	3月下旬	4月下旬	5月下旬
北京	3	4月上旬	4月中旬	5月上旬
河北霸州市	3	4月上旬	4月中下旬	5月中旬
山西太原	3	3月下旬	4月中旬	5月上旬
山东济宁	4	3月上旬	4月上中旬	5月上旬
江苏南京	4	2月中旬	3月下旬至4月上旬	5月上旬
河南郑州	4	3月中旬	4月上旬	5月上旬
四川重庆	4~5	3月中旬	4月上旬	
江西南昌	5		2月底至3月中旬	
湖北武汉	5	3月下旬	4月上旬	4月下旬
广西南宁	7		4月中下旬	

成虫白天潜伏于土隙、枯枝、杂草等隐蔽物下,夜间进行飞翔、觅食、交尾、产卵等活动。其活动受气候影响较大,春季夜间气温达8℃时有少量成虫出现,10℃以上时出现数量及活动量大。成虫对黑光灯有强烈的趋化性,特别

喜欢酸、甜、酒味,可用糖醋酒液来诱杀和测报。成虫、幼虫有假死性,受惊即蜷缩成团。小地老虎的发生与环境的关系非常密切,温度高对其生长繁殖不利,夏季发生数量少,温度在30℃以上时,幼虫死亡率高;冬季低温也能造成幼虫大量死亡,冬季愈寒冷,翌春发蛾量愈少。土壤湿度对小地老虎的发生数量和危害程度影响很大,土壤湿润、雨量充沛的地区危害严重,少雨、土壤干旱的地方危害较轻;土壤含水量为15%～20%最适合小地老虎活动,危害最严重。土壤质地与虫害的发生也有关系,沙壤土、壤土、黏壤土虫口密度大,沙土虫口密度小,危害轻微。小地老虎的天敌很多,常见的有知更鸟、鸦雀、蟾蜍、鼬鼠、步行虫、寄生蝇、寄生蜂及细菌、真菌等。

2. 防治措施

(1)清除杂草,及时运出沤肥或销毁,不给小地老虎留下幼虫饲料和产卵场所。

(2)利用幼虫的假死性,清晨在幼虫尚未入土前进行人工捕杀。

(3)在发生盛期,用黑光灯或糖醋酒液诱杀,也可以用桐树叶诱杀幼虫。方法是:于傍晚在田间放一些新摘的桐树叶,翌日清晨捕杀桐树叶下的幼虫,亦可将桐树叶浸蘸90%敌百虫100倍液,毒杀效果较佳。

(5)药剂防治,用90%敌百虫1 000倍液、20%乐果乳油300倍液或75%锌硫磷乳油1 000倍液喷雾。

(四)泡桐灰天蛾

幼虫蚕食楸树叶片,咬成大缺刻或孔洞,严重时楸树叶大部分被食,影响楸树生长。

1. 形态与习性

成虫体长 45～50 mm,翅展 105～130 mm。体暗灰色,混杂霜状白粉。胸部背面两侧及后缘有棕黑色条纹,腹部背面中央及两侧各有一条灰黑色纵纹。前翅中部有两条棕黑色波状横线,中室下方有黑色纵纹两条,翅顶角有一条黑色半圆形曲纹。后翅棕黑色,被白粉。前、后翅外缘均由黑白相间的小长方块连成。卵球形,初产时绿色,渐变成淡黄色。幼虫体长 92～100 mm。

在河南每年发生 2 代,以蛹在土中越冬,翌年 4 月初开始羽化。4～10 月每月均有成虫发生,有两次明显高峰:一次在 7 月份,另一次在 10 月份。成虫夜晚活动,趋光性强,产卵于大树叶背面,小树上较少。幼虫孵出后即开始危害树叶,6～7 月危害最凶,在地面上可以见到大量碎叶和大粒虫粪。老熟幼虫落地潜入表土中化蛹。第二代成虫 9～10 月出现,此代幼虫危害至 10 月底,入土化蛹越冬。

2. 防治措施

(1)冬季深翻土地,把蛹翻到地面风干冻死,或鸡、鸟啄食。

(2)人工捕捉幼虫。

(3)灯光诱杀成虫。

(4)保护和利用广腹螳螂等天敌。

(5)喷洒89%敌百虫800倍液,毒杀成虫。

(五)银杏大蚕蛾

幼虫体长,食量大,常群集危害树木,严重时将叶片吃光,影响楸树生长。

1. 形态与习性

成虫体色不一,灰褐色、黄褐色或紫褐色。雌蛾较大,体长26～69 mm,翅展95～150 mm,触角栉齿状;雄蛾较小,体长25～40 mm,翅展90～125 mm,触角羽状,体色较深。卵短圆柱形,长2.0～2.5 mm,宽1.5 mm,灰褐色,一端有圆形黑斑,即孵化孔。幼虫初孵化时体长即达5～8 mm,体背黑色,胸腹部各节有3对毛瘤,每个毛瘤有4～8根黑色刚毛。蛹黄褐色,雌蛹长50 mm左右,雄蛹35 mm左右。茧网状,长椭圆形,黄褐色。一年发生1代,以卵越冬。在广西桂北一带,越冬卵3月下旬至4月上旬孵化,初孵幼虫常10余头群集在一片叶上取食;3～4龄时分散危害,食量渐增,蜕皮时常数头挤在一起;5～6龄时食量大增,被害状显露,中午炎热时常沿树干下树歇息或喝水。幼虫共6龄,历时36～58天。成虫飞翔力强,有趋光性,寿命5～7天。卵和蛹有多种寄生蜂和寄生天敌,卵是赤眼蜂和黑卵蜂越冬的天然寄主。

2. 防治措施

(1)人工捕杀幼虫,摘除茧蛹,冬季清除越冬卵。

（2）喷洒90%敌百虫原药、50%敌敌畏乳油1 000倍液毒杀幼虫,效果良好;喷洒苏云金杆菌、青虫菌或白僵菌,效果也很好。

（3）保护和利用天敌,可利用赤眼蜂和黑卵蜂防治。

（六）褐点粉灯蛾

褐点粉灯蛾又名粉白灯蛾,幼虫群集做网取食,危害剧烈,严重时将树叶吃光,影响林木生长。

1. 形态与习性

成虫体形中等,白色。雌蛾体长约20 mm,翅展约56 mm;雄蛾体长约16 mm,翅展30 mm。成虫头部、腹面橘黄色,两边及触角黑色,触角干上方白色。翅基片具黑点,前翅前缘上有4个黑点,内横线、中线、外横线、亚外缘线为一系列灰褐色点,卵椭圆形,长径约0.4 mm,短径约0.35 mm,浅红色或浅黄色。卵粒常堆集并排列成数层,初产时浅红色或深黄色,以后渐变为赤褐色。卵块表面覆盖细密的浅红色绒毛,长椭圆形或不规则,大小不一。幼虫头黑色,体黄褐色。成虫体长23～40 mm,头浅玫瑰红色,体深灰色,稍带金属光泽;体具毛瘤,浅茶色,其上密生黑色与白色长刺毛;前胸背板黑色,胸足黑色,腹足与臀足红色,腹足趾钩单序弦月形。蛹红褐色,圆桶形。

在云南昆明每年发生1代,以蛹越冬,翌年5月上中旬开始羽化产卵,6月上中旬孵化。幼虫共7龄,初龄幼虫即危害寄生植物叶片,自3龄后取食量特别大,扩散力也强。

老熟幼虫在地面落叶、墙壁角落、室内门窗及书籍中等隐藏处结茧化蛹。化蛹后,蛹体末端有时附有蜕皮。成虫一般夜间活动,在野外寄主植物叶片上交尾后,雄蛾不久死亡,雌蛾在树叶背面产卵后,在卵块上静伏一段时间才离开,最后死亡。雌蛾产卵共5次,产卵时间延续1周左右,共产卵约500粒,卵经10~23天孵化。

2.防治措施

(1)利用小茧蜂、寄生蝇、白僵菌等天敌防治。

(2)摘除卵块和幼虫群集的树叶销毁;清扫地面上的枯枝落叶以及被害植株周围的隐蔽场所,消灭越冬蛹;成虫盛发期用灯光诱杀。

(3)用50%敌敌畏乳油2 000倍液、50%辛硫磷乳油4 000倍液或90%敌百虫4 000倍液喷雾,效果均好。

(七)泡桐叶甲

成虫啃食楸树叶表皮,幼虫群集叶面啃食表皮和叶肉,残留下表皮及叶脉,使叶呈网眼状,随后叶片变黄干枯。严重时能把树叶吃光,树冠焦黄,对树木生长影响很大。

1.形态与习性

成虫橙黄色,椭圆形,体长12 mm,宽10 mm,触角淡黄色。卵橙黄色,椭圆形,竖立成堆。幼虫淡黄色,两侧灰黑色,纺锤形,体长10 mm。蛹淡黄色,体长9 mm,宽6 mm。在河南每年发生2代,以成虫越冬,翌年4~5月成虫活动取食、交配产卵,卵产于叶背面。幼虫孵化后群集叶面,啃食表皮及叶肉。5月下旬幼虫老熟,6月上旬出现第2代幼虫,8~9月成虫出现,10月底至11月上中旬成虫潜伏于石块下、树皮缝内、地被物下或土表中越冬。成虫白天活动,6~7月成虫和幼虫同时危害寄主树种,虫口密度大,常造成较大危害。此虫主要发生在豫南、豫西和豫北丘陵山区,槐皮楸及灰楸类受害较轻。

2. 防治措施

(1)摘除卵块销毁。

(2)选用抗性强的楸树类型造林。

(3)幼虫和成虫发生期,可喷洒90%敌百虫原药800倍液、50%乙硫磷乳油1 500倍液,均可收到良好的效果。

(4)5月下旬用40%氧化乐果原液涂干,杀虫效果较好。5月中旬在树干周围环状开沟,埋入3%呋喃丹颗粒剂,每株施药50~100 g,杀虫率可达100%。

(八)刺槐尺蛾

刺槐尺蛾是杂食性害虫,楸树是其危害的主要树种之一。幼虫有吐丝下垂、随风飘扬扩散的习性,常造成大范围多种寄主植物受害。初孵幼虫危害,叶片呈不规则状穿孔,或沿叶脉吃成小缺刻;大龄幼虫暴食叶片,仅留主脉,或全部食尽,日夜取食。

1. 形态与习性

雄虫体长13~15 mm,翅展3~40 mm,触角羽毛状,羽毛褐色。卵圆筒形，暗褐色，近孵化时黑色。卵长 0.8～0.9 mm，宽 0.5～0.6 mm，底部稍小。卵壳坚硬，表面光滑，排列成行。初孵幼虫体长 3 mm 左右，头壳橙黄色，胴部暗绿色。蛹棕褐色，纺锤形。茧椭圆形，长径 15～22 mm，短径 10～15 mm。一年发生 1 代，以蛹在土茧内越夏、越冬，翌年 2 月下旬成虫羽化，羽化盛期为 3 月下旬至 4 月上旬，成虫发生期长达 50 多天，4 月中旬至 5 月中旬是幼虫主要危害时期。5 月中旬至 6 月上中旬老熟幼虫下树入土做茧，入土深度一般为 3～6 cm。成虫耐寒性强，动作活跃，有趋光性，寿命 10 天以上。幼虫共 6 龄，1～3 龄幼虫食量小，抗药力弱，中龄以后食量增加，抗药力强。

2. 防治措施

(1) 利用天敌昆虫和益鸟防治。

(2) 林缘设置黑光灯，诱杀成虫。

(3) 对林缘和面积较小的零星树木，可在树干基部绑扎塑料薄膜带，阻隔成虫上树产卵，并在卵孵化前将其杀死。

(九) 大灰象

大灰象食性杂，成虫危害苗木和大树的幼嫩枝条，蚕食叶片。食量虽不大，但群聚危害，成灾后损失不小。槐皮楸对大灰象有明显的抗性。

1. 形态与习性

成虫体长 8～12 mm，黑色，密被灰白色鳞毛。头管粗而宽,触角柄节较长,末端3节膨大,呈棍棒状。前胸背板卵形,胸部布满突出的圆点,鞘翅卵圆形,后翅退化。卵长卵圆形,长1 mm,宽0.4 mm,初产乳白色,经2～3天变暗。华北地区1～2年发生1代,以成虫或幼虫在土中越冬。4月中下旬成虫出土,群集于苗木嫩枝叶上危害。5～6月雌虫交配后,将叶片合拢,产卵于合拢的叶苞内。产卵期长达19～86天,产卵量374～1 172粒,卵期10～11天。孵化的幼虫入土取食,对苗木无害。成虫不能飞翔,怕高温,有假死性和趋避性。

2. 防治措施

(1)喷施80%敌敌畏或40%氧化乐果1 000倍液,毒杀成虫。

(2)整地时,用3%呋喃丹颗粒剂,每亩1.5 kg,毒杀成虫和幼虫。

(3)利用天敌寄生蜂防治。

(4)人工捕杀。

(十)大青叶蝉

大青叶蝉主要危害楸、桐、杨、柳、榆多种树木及果树、蔬菜和农作物等,以产卵器刺破表皮,形成月牙形伤口,将卵产于其中,被害处呈水肿状。若虫孵化后,枝干因受刺激形成病斑,严重影响树木生长。

1. 形态与习性

雌虫体稍大,长9.4～10.1 mm,头宽2.4～2.7 mm;雄

虫长7.2~8.3 mm,头宽2.3~2.5 mm。虫体青绿色,头部淡褐色,凸出成三角形,顶部有2个黑点。卵圆形,长1.6 mm,宽0.4 mm,表面光滑,中间弯曲,一头稍细。华北和江苏一年发生3代,以卵越冬。北京各代发生期为4月中旬至7月上旬、6月中旬至8月中旬、7月下旬至11月中旬,江苏北部和北京相同。越冬卵自3月下旬开始发育,经半个月孵化,可延续至4月下旬结束。初孵若虫常群集取食危害,跳跃能力强,多沿树木枝干上行,极少下行。刚羽化的成虫体色较浅,5个小时后体色正常,行动活跃。成虫除产卵外,喜在低矮的植物上取食,喜光,趋光性强。雌虫对产卵部位有选择,5 cm粗的枝干最多。危害严重时,产卵枝条卵痕密布,常常不能越冬而枯死。

2. 防治措施

(1)利用天敌进行生物防治。

(2)选择苗圃地时注意远避菜园和农作物。

(3)6~9月成虫期利用灯光诱杀,一只100 W的灯泡一晚可诱杀成虫2 000多头。

(4)成虫早晨不活跃,在露水未干时进行人工网捕效果较好。

(5)虫口集中时,可用药物防治,喷施90%敌百虫或80%敌敌畏1 000倍液。

(十一)普通叶螨

普通叶螨是世界性害虫,食性杂,寄主植物有200余种,危害林、果木,主要有楸、杨、槐、梓、苹果、桑、桃、梨、李、柑橘等。被害树木的初期症状是叶片局部褪绿,后叶质变硬,枯死脱落。普通叶螨有群集性,危害十分严重。据测定,每个叶片有15~60头时,其光合作用减少26~43%。对楸树危害主要在苗期,大树较少。

1. 形态与习性

雌成螨椭圆形,长0.42~0.51 mm,宽0.26~0.32 mm,黄绿色,背面两侧有暗斑,胫肢具有发达的胫节爪;雄成螨菱形,长0.26~0.4 mm,宽0.14~0.19 mm,黄绿色或橙黄色。卵圆形,直径0.12~0.14 mm,初产时白色,后变为淡黄色,逐渐加深并透明,通过卵壳可见两个红色眼点。幼螨半球形,淡黄色或黄绿色,足3对。若螨椭圆形。一年10~20代,由北向南逐渐增加,主要以受精雌成螨越冬,雄成螨和少数未成熟的螨亦可越冬。越冬雌成螨具有负趋光性,抗寒力很强,-29℃时才能全部死亡,低湿条件也能造成大量死亡。越冬雌螨抗水性很强,能在水中存活100个小时。越冬场所主要是林间落叶、树皮和主干附近的土缝、杂草、路边、沟边等地。有群集越冬习性,避风向阳处较多。出蛰时间,北方4月上中旬,南方2月下旬至3月上旬。当平均气温达到7℃以上时,越冬螨开始迁往已萌发的新叶上取食产卵。高温、干燥是其最适宜的生态条件,易导致其猖獗发生。其发育的起点温度为7℃,相对湿度70%,完成一代的有效积温为99日上限温度。

2.防治措施

(1)对苗木、接穗、插条等进行严格检疫,杜绝其蔓延和扩散。

(2)保护天敌,利用病原微生物和生物防治法进行防治。

(3)化学防治:30%螨卵酯可湿性粉剂,稀释成0.1%～0.4%的水悬液,防治卵和若螨有很好的效果;喷洒50%内吸磷乳油2 000倍液,能杀死出蛰的越冬雌成螨;杀螨素的水悬液、乳油、水溶剂、气溶胶、粒剂等剂型,有较强的杀螨活性。

(十二)星天牛

星天牛分布较广,我国南北各省均有。成虫啃食幼嫩枝皮,幼虫蛀入木质部,材质被破坏,树木生长受阻,树势衰弱,严重时全株枯死或风折,损失较大。

1.形态与习性

雌成虫体长36～41 mm,宽11～13 mm;雄成虫体长27～36 mm,宽8～12 mm。成虫黑色,具金属光泽。头部和身体腹面被银灰色和蓝灰色细毛,但不形成斑纹。卵长椭圆形,长5～6 mm,宽2.2～2.4 mm,初产时白色,以后渐变为浅黄白色。幼虫老熟时体长38～60 mm,乳白色至淡黄色。头部褐色,长方形。蛹纺锤形,长30～38 mm,先淡黄色,后变为黄褐色。我国南方一年发生1代,北方二年1代或三年2代。以幼虫在寄主木质部内越冬,翌年春季开始化蛹,成虫5月羽化,6月为出孔高峰。交配后,雌虫6~7月上旬产卵,多在树干产卵。

2.防治措施

(1)5~6月成虫发生盛期捕杀成虫。

(2)用石灰水(1份生石灰加4份水搅拌均匀)涂刷树干,0.5 m高,可以防止产卵。

(3)在树干基部发现有产卵的刻槽后,用锤子敲击,打死其中的卵和幼虫。

(4)在有黄色泡沫状流胶的刻槽处涂20%敌敌畏煤油杀卵。

(5)将钢丝插入虫孔,刺杀或钩出幼虫。

(6)用药棉浸蘸80%敌敌畏原液,塞入幼虫蛀道,毒杀蛀道内的幼虫。

附录一 国家明令禁止使用、限制使用农药名单

中华人民共和国农业部公告

（第 199 号）

为从源头上解决农产品尤其是蔬菜、水果、茶叶的农药残留超标问题，我部在对甲胺磷等 5 种高毒有机磷农药加强登记管理的基础上，又停止受理一批高毒、剧毒农药的登记申请，撤销一批高毒农药在一些作物上的登记。现公布国家明令禁止使用的农药和不得在蔬菜、果树、茶叶、中草药材上使用的高毒农药品种清单。

一、国家明令禁止使用的农药

六六六（HCH），滴滴涕（DDT），毒杀芬（camphechlor），二溴氯丙烷（dibromochloropane），杀虫脒（chlordimeform），二溴乙烷（EDB），除草醚（nitrofen），艾氏剂（aldrin），狄氏剂（dieldrin），汞制剂（Mercurycompounds），砷（arsena）、铅（acetate）类，敌枯双，氟乙酰胺（fluoroacetamide），甘氟（gliftor），毒鼠强（tetramine），氟乙酸钠（sodiumfluoroacetate），毒鼠硅（silatrane）。

二、在蔬菜、果树、茶叶、中草药材上不得使用和限制使用的农药

甲胺磷（methamidophos），甲基对硫磷（parathion-methyl），对硫磷（parathion），久效磷（monocrotophos），磷胺（phosphamidon），甲拌磷（phorate），甲基异柳磷（isofenphos-methyl），特丁硫磷（ter-

附录一 国家明令禁止使用、限制使用农药名单

bufos),甲基硫环磷(phosfolan-methyl),治螟磷(sulfotep),内吸磷(demeton),克百威(carbofuran),涕灭威(aldicarb),灭线磷(ethoprophos),硫环磷(phosfolan),蝇毒磷(coumaphos),地虫硫磷(fonofos),氯唑磷(isazofos),苯线磷(fenamiphos)19种高毒农药不得用于蔬菜、果树、茶叶、中草药材上。三氯杀螨醇(dicofol),氰戊菊酯(fenvalerate)不得用于茶树上。任何农药产品都不得超出农药登记批准的使用范围使用。

各级农业部门要加大对高毒农药的监管力度,按照《农药管理条例》的有关规定,对违法生产、经营国家明令禁止使用的农药的行为,以及违法在果树、蔬菜、茶叶、中草药材上使用不得使用或限用农药的行为,予以严厉打击。各地要做好宣传教育工作,引导农药生产者、经营者和使用者生产、推广和使用安全、高效、经济的农药,促进农药品种结构调整步伐,促进无公害农产品生产发展。

二〇〇二年六月五日

中华人民共和国农业部公告

（第 322 号）

为提高我国农药应用水平，保护人民生命安全和健康，保护环境，增强农产品的市场竞争力，促进农药工业结构调整和产业升级，经全国药登记评审委员会审议，我部决定分三个阶段削减甲胺磷、对硫磷、甲基对硫磷、久效磷和磷胺 5 种高毒有机磷农药（以下简称甲胺磷等 5 种高毒有机磷农药）的使用，自 2007 年 1 月 1 日起，全面禁止甲胺磷等 5 种高毒有机磷农药在农业上使用。现将有关事项公告如下：

一、自 2004 年 1 月 1 日起，撤销所有含甲胺磷等 5 种高毒有机磷农药的复配产品的登记证（具体名单另行公布）。自 2004 年 6 月 30 日起，禁止在国内销售和使用含有甲胺磷等 5 种高毒有机磷农药的复配产品。

二、自 2005 年 1 月 1 日起，除原药生产企业外，撤销其他企业含有甲胺磷等 5 种高毒有机磷农药的制剂产品的登记证（具体名单另行公布）。同时将原药生产企业保留的甲胺磷等 5 种高毒有机磷农药的制剂产品的作用范围缩减为：棉花、水稻、玉米和小麦 4 种作物。

三、自 2007 年 1 月 1 日起，撤销含有甲胺磷等 5 种高毒有机磷农药的制剂产品的登记证（具体名单另行公布），全面禁止甲胺磷等 5 种高毒有机磷农药在农业上使用，只保留部分生产能力用于出口。

二〇〇三年十二月三十日

附录一 国家明令禁止使用、限制使用农药名单

中华人民共和国农业部
国家发展和改革委员会
国家工商行政管理总局
国家质量监督检验检疫总局

（第632号）

为贯彻落实甲胺磷、对硫磷、甲基对硫磷、久效磷和磷胺5种高毒有机磷农药（以下简称甲胺磷等5种高毒有机磷农药）削减计划，确保自2007年1月1日起，全面禁止甲胺磷等5种高毒有机磷农药在农业上使用，现将有关事项公告如下：

一、自2007年1月1日起，全面禁止在国内销售和使用甲胺磷等5种高毒有机磷农药。撤销所有含甲胺磷等5种高毒有机磷农药产品的登记证和生产许可证（生产批准证书）。保留用于出口的甲胺磷等5种高毒有机磷农药生产能力，其农药产品登记证、生产许可证（生产批准证书）发放和管理的具体规定另行制定。

二、各相关农药生产单位要根据市场需求安排生产计划，以销定产，避免因甲胺磷等5种高毒有机磷农药生产过剩而造成积压和损失。对到2006年年底尚未售出的产品，一律由本单位负责按照环境保护的有关规定进行处理。

三、各农药经营单位要按照农业生产的实际需要，严格控制甲胺磷等5种高毒有机磷农药进货数量。对到2006年年底尚未销售的产品，一律由本单位负责按照环境保护的有关规定进行处理。

四、各农药使用者和广大农户要有计划地选购含甲胺磷等

5种高毒有机磷农药的产品,确保在2006年年底前全部使用完。

　　五、各级农业、发展改革(经贸)、工商、质量监督检验等行政管理部门,要按照《农药管理条例》和相关法律法规的规定,明确属地管理原则,加强组织领导,加大资金投入,搞好禁止生产销售使用政策、替代农药产品和科学使用技术的宣传、指导和培训。同时,加强农药市场监督管理,确保按期实现禁用计划。自2007年1月1日起,对非法生产、销售和使用甲胺磷等5种高毒有机磷农药的,要按照生产、销售和使用国家明令禁止农药的违法行为依法进行查处。

中华人民共和国农业部
国家发展和改革委员会
国家工商行政管理总局
国家质量监督检验检疫总局
二〇〇六年四月四日

附录二　林业检疫性有害生物名单

（2004年7月29日国家林业局第4号公告发布19种，自2005年3月1日起施行；2005年8月29日农业部、国家林业局、国家质量监督检验检疫总局第538号公告发布1种，自2005年8月29日起施行；2008年2月18日，国家林业局第3号公告发布1种；2010年5月5日农业部、国家林业局第1380号公告发布1种）

1. 松材线虫 *Bursaphelenchus xylophilus*（Steiner et Buhrer）Nickle
2. 红脂大小蠹 *Dendroctonus valens* LeCote
3. 椰心叶甲 *Brontispa longissima*（Gestro）
4. 松突圆蚧 *Hemiberlesia pitysophila* Takagi
5. 杨干象 *Cryporrhynchus lapathi* L.
6. 薇甘菊 *Mikania micrantha* Kunth
7. 苹果蠹蛾 *Cydia pomonella* L.
8. 美国白蛾 *Hyphantria cunea*（Drury）
9. 双钩异翅长蠹 *Heterobostrychus aequalis*（Waterhouse）
10. 猕猴桃细菌性溃疡病菌 *Pseudomonas syringae pv. actinidiae* Takikawa et al.
11. 松疱锈病菌 *Cronartium ribicola* J.c. Fisch. ex Rabenhorst
12. 蔗扁蛾 *Opogona sacchari*（Bojer）
13. 枣大球蚧 *Eulecanium gigantea*（Shinji）

14. 落叶松枯梢病菌 *Botryosphaeria laricina*（Sawada）Y. Z. Shang

15. 杨树花叶病毒 *Poplar Mosaic* Virus

16. 红棕象甲 *Rhynchophorus ferrugineus*（Olivier）

17. 青杨脊虎天牛 *Xylotrechus rusticus* L.

18. 冠瘿病菌 *Agrobacterium tumefaciens*（Smith and Townsend）Conn

19. 草坪草褐斑病菌 *Rhizoctonia solani* Kuhn

20. 刺桐姬小蜂 *Quadrastichus erythrinae* Kim

21. 枣实蝇 *Carpomya vesuviana* Costa

22. 扶桑绵粉蚧 *Phenacoccus solenopsis* Tinsley

北京市补充林业检疫性有害生物名单

[2005年2月6日原北京市林业局京林发（办）（2005）3号发布，自2005年3月1日起施行]

1. 栗山天牛 *Mallambyx raddei*（Blessig）

2. 锈色粒肩天牛 *Apriona swainsoni*（Hope）

3. 松褐天牛（又名松墨天牛）*Monochamus alternatus* Hope

4. 根结线虫病 *Meloidogyne* spp.

5. 杨锦纹截尾吉丁（又名杨锦纹吉丁）*Poecilonota variolosa*（Paykull）

6. 银杏超小卷蛾 *Pammene ginkgoicola* Liu

7. 日本松干蚧 *Matsucoccus matsumurae*（Kuwana）

8. 梨圆蚧 *Quadraspidiotus perniciosus*（Comstock）

9. 白蜡窄吉丁（又名花曲柳窄吉丁）*Agrilus planipenis* Faimaire（异名 *A. maropoli* Obnberger）

附录三　植物检疫条例

（一九八三年一月三日国务院发布。一九九二年五月十三日根据《国务院关于修改〈植物检疫条例〉的决定》修订发布。）

第一条　为了防止危害植物的危险性病、虫、杂草传播蔓延，保护农业、林业生产安全，制定本条例。

第二条　国务院农业主管部门、林业主管部门主管全国的植物检疫工作，各省、自治区、直辖市农业主管部门、林业主管部门主管本地区的植物检疫工作。

第三条　县级以上地方各级农业主管部门、林业主管部门所属的植物检疫机构，负责执行国家的植物检疫任务。

植物检疫人员进入车站、机场、港口、仓库以及其他有关场所执行植物检疫任务，应穿着检疫制服和佩带检疫标志。

第四条　凡局部地区发生的危险性大、能随植物及其产品传播的病、虫、杂草，应定为植物检疫对象。农业、林业植物检疫对象和应施检疫的植物、植物产品名单，由国务院农业主管部门、林业主管部门制定。各省、自治区、直辖市农业主管部门、林业主管部门可以根据本地区的需要，制定本省、自治区、直辖市的补充名单，并报国务院农业主管部门、林业主管部门备案。

第五条　局部地区发生植物检疫对象的，应划为疫区，采取封锁、消灭措施，防止植物检疫对象传出；发生地区已比较普遍的，则应将未发生地区划为保护区，防止植物检疫对象传入。

疫区应根据植物检疫对象的传播情况、当地的地理环境、交通状况以及采取封锁、消灭措施的需要来划定，其范围应严格控制。

在发生疫情的地区，植物检疫机构可以派人参加当地的道路联合检查站或者木材检查站，发生特大疫情时，经省、自治区、直辖市人民政府批准，可以设立植物检疫检查站，开展植物检疫工作。

第六条 疫区和保护区的划定，由省、自治区、直辖市农业主管部门、林业主管部门提出，报省、自治区、直辖市人民政府批准，并报国务院农业主管部门、林业主管部门备案。

疫区和保护区的范围涉及两省、自治区、直辖市以上的，由有关省、自治区、直辖市农业主管部门、林业主管部门共同提出，报国务院农业主管部门、林业主管部门批准后划定。

疫区、保护区的改变和撤销的程序，与划定时同。

第七条 调运植物和植物产品，属于下列情况的，必须经过检疫：

（一）列入应施检疫的植物、植物产品名单的，运出发生疫情的县级行政区域之前，必须经过检疫；

（二）凡种子、苗木和其他繁殖材料，不论是否列入应施检疫的植物、植物产品名单和运往何地，在调运之前，都必须经过检疫。

第八条 按照本条例第七条的规定必须检疫的植物和植物产品，经检疫未发现植物检疫对象的，发给植物检疫证书。发现有植物检疫对象、但能彻底消毒处理的，托运人应按植物检疫机构的要求，在指定地点做消毒处理，经检查合格后发给植物检疫证书，无法消毒处理的，应停止调运。

植物检疫证书的格式由国务院农业主管部门、林业主管部制定。对可能被植物检疫对象污染的包装材料、运载工具、场地、仓库等,也应实施检疫。如已污染,托运人应按植物检疫机构的要求处理。因实施检疫需要的车船停留、货物搬运、开拆、取样、储存、消毒处理等费用,由托运人负责。

第九条 按照本条例第七条的规定必须检疫的植物和植物产品,交通运输部门和邮政部门一律凭植物检疫证书承运或收寄。植物检疫证书应随货运寄。具体办法由国务院农业主管部门、林业主管部门会同铁道、交通、民航、邮政部门制定。

第十条 省、自治区、直辖市间调运本条例第七条规定必须经过检疫的植物和植物产品的,调入单位必须事先征得所在地的省、自治区、直辖市植物检疫机构同意,并向调出单位提出检疫要求;调出单位必须根据该检疫要求向所在地的省、自治区、直辖市植物检疫机构申请检疫。对调入的植物和植物产品,调入单位所在地的省、自治区、直辖市的植物检疫机构应当查验检疫证书,必要时可以复检。

省、自治区、直辖市内调运植物和植物产品的检疫办法,由省、自治区、直辖市人民政府规定。

第十一条 种子、苗木和其他繁殖材料的繁育单位,必须有计划地建立无植物检疫对象的种苗繁育基地、母树林基地。试验、推广的种子、苗木和其他繁殖材料,不得带有植物检疫对象。植物检疫机构应实施产地检疫。

第十二条 从国外引进种子、苗木,引进单位应当向所在地的省、自治区、直辖市植物检疫机构提出申请,办理检疫审批手续。但是,国务院有关部门所属的在京单位从国外引进种子、苗木,应当向国务院农业主管部门、林业主管部门所属的植物检疫机构提出申请,办理检疫审批手续。具体办法由国务院农业主管部门、林业主管部门制定。

从国外引进、可能潜伏有危险性病、虫的种子、苗木和其他繁殖材料,必须隔离试种,植物检疫机构应进行调查、观察和检疫,证明确实不带危险性病、虫的,方可分散种植。

第十三条 农林院校和试验研究单位对植物检疫对象的研究,不得在检疫对象的非疫区进行。因教学、科研确需在非疫区进行时,属于国务院农业主管部门、林业主管部门规定的植物检疫对象须经国务院农业主管部门、林业主管部门批准,属于省、自治区、直辖市规定的植物检疫对象须经省、自治区、直辖市农业主管部门、林业主管部门批准,并应采取严密措施防止扩散。

第十四条 植物检疫机构对于新发现的检疫对象和其他危险性病、虫、杂草,必须及时查清情况,立即报告省、自治区、直辖市农业主管部门、林业主管部门,采取措施,彻底消灭,并报告国务院农业主管部门、林业主管部门。

第十五条 疫情由国务院农业主管部门、林业主管部门发布。

第十六条 按照本条例第五条第一款和第十四条的规定,进行疫情调查和采取消灭措施所需的紧急防治费和补助费,由省、自治区、直辖市在每年的植物保护费、森林保护费或者国营农生产费中安排。特大疫情的防治费,国家酌情给予补助。

第十七条 在植物检疫工作中作出显著成绩的单位和个人,由人民政府给予奖励。

第十八条 有下列行为之一的,植物检疫机构应当责令创正,可以处以罚款,造成损失的,应当负责赔偿,构成把带的,由司法机关依法追究刑事责任;

(一)未依照本条例规定办理植物检疫证书或者在报检过程中

弄虚作；

（二）伪造、涂改、买卖、转让植物检疫单证、印章、标志、封识的；

（三）未依照本条例规定调运、隔离试种或者生产应施检疫的植物、植物产品的；

（四）违反本条例规定，擅自开拆植物、植物产品包装，调换植物、植物产品，或者擅自改变植物、植物产品的规定用途的；

（五）违反本条例规定，引起疫情扩散的。

有前款第（一）、（二）、（三）、（四）项所列情形之一，尚不构成犯罪的，植物检疫机构可以没收非法所得。

对违反本条例规定调运的植物和植物产品，植物检疫机构有权予以封存、没收、销毁或者责令改变用途。销毁所需费用由责任人承担。

第十九条 植物检疫人员在植物检疫工作中，交通运输部门和邮政部门有关工作人员在植物、植物产品的运输、邮寄工作中，徇私舞弊、玩忽职守的，由其所在单位或者上级主管机关给予行政处分；构成犯罪的，由司法机关依法追究刑事责任。

第二十条 当事人对植物检疫机构的行政处罚决定不服的，可以自接到处罚决定通知书之日起十五日内，向作出行政处罚决定的植物检疫机构的上级机构申请复议；对复议决定不服的，可以自接到复议决定书之日起十五日内向人民法院提起诉讼。当事人逾期不申请复议或者不起诉又不履行行政处罚决定的，植物检疫机构可以申请人民法院强制执行或者依法强制执行。

第二十一条 植物检疫机构执行检疫任务可以收取检疫费，具体办法由国务院农业主管部门、林业主管部门制定。

第二十二条　进出口植物的检疫,按照《中华人民共和国进出境动植物检疫法》的规定执行。

第二十三条　本条例的实施细则由国务院农业主管部门、林业主管部门制定。各省、自治区、直辖市可根据本条例及其实施细则,结合当地具体情况,制定实施办法。

第二十四条　本条例自发布之日起施行。国务院批准、农业部一九五七年十二月四日发布的《国内植物检疫试行办法》同时废止。

附录四 植物检疫条例实施细则(林业部分)

(1994年7月26日林业部令第4号发布)

第一条 根据《植物检疫条例》的规定,制定本细则。

第二条 林业部主管全国森林植物检疫(以下简称森检)工作。县级以上地方林业主管部门主管本地区的森检工作。

县级以上地方林业主管部门应当建立健全森检机构,由其负责执行本地区的森检任务。

国有林业局所属的森检机构负责执行本单位的森检任务,但是,须经省级以上林业主管部门确认。

第三条 森检员应当由具有林业专业、森保专业助理工程师以上技术职称的人员或者中等专业学校毕业。连续从事森保工作两年以上的技术员担任。

森检员应当经过省级以上林业主管部门举办的森检培训班培训并取得成绩合格证书,由省、自治区、直辖市林业主管部门批准,发给《森林植物检疫员证》。

森检员执行森检任务时,必须穿着森检制服、佩带森检标志和出示《森林植物检疫员证》

第四条 县级以上地方林业主管部门或者其所属的森检机构可以根据需要在林业工作站,国有林场、国有苗圃、贮木场、自然保护区,木材检查站及有关车站,机场、港口,仓库等单位,聘请兼职森检员协助森检机构开展工作。

兼职森检员应当经过县级以上地方林业主管部门举办的森检

物机班站调并取得成绩合格证书,由县级以上地方林业主管部门批准。发始发职森检员证。

兼职森检员不得签发《植物检疫证书》。

第五条 森检人员在执行森检任务时有权行使下列职权:

(一)进入车站、机场、港口、仓库和森林植物及其产品的生产经营,存放等场所,依照规定实施现场检疫或者复检,查验植物检疫证书和进行疫情监测调查;

(二)依法监督有关单位或者个人进行消毒处理、除害处理、隔离试种和采取封锁、消灭等措施;

(三)依法查阅、摘录或者复制与森检工作有关的资料,收集证据。

第六条 应施检疫的森林植物及其产品包括:

(一)林木种子、苗木和其他繁殖材料;

(二)乔木、灌木、竹类、花卉和其他森林植物;

(三)木材、竹材、药材、果品、盆景和其他林产品。

第七条 确定森检对象及补充森检对象,按照《森林植物检疫对象确定管理办法》的规定办理,补充森检对象名单应当报林业部备案,同时通报有关省、自治区、直辖市林业主管部门。

第八条 疫区、保护区应当按照有关规定划定、改变或者撤销,并采取严格的封锁,消灭等措施,防止森检对象传出或者传入。

在发生疫情的地区,森检机构可以派人参加当地的道路联合检查站或者木材检查站;发生特大疫情时,经省、自治区直辖市人民政府批准可以设立森检检查站,开展森检工作。

第九条 地方各级森检机构应当每隔三至五年进行次森检对象普查。省级林业主管部门所属的森检机构编制森检对象分布至县的资料,报林业部备查;县级林业主管部门所属的森检机构编制森检对象分布至乡的资料,报上一级森检机构备查。

危险性森林病、虫疫情数据由林业部指定的单位编制印发。

第十条 属于森检对象,国外新传入或者国内突发危险性森林病、虫的特大疫情由林业部发布;其他疫情由林业部授权的单位公布。

第十一条 森检机构对新发现的森检对象和其他危险性森林病、虫,应当及时查清情况,立即报告当地人民政府和所在省、自治区、直辖市林业主管部门,采取措施,彻底消灭,并由省、自治区、直辖市林业主管部门向林业部报告。

第十二条 生产、经营应施检疫的森林植物及其产品的单位和个人,应当在生产期间或者调运之前向当地森检机构申请产地检疫。对检疫合格的,由森检员或者兼职森检员发给《产地检疫合格证》;对检疫不合格的,发给《检疫处理通知单》。

产地检疫的技要求按照《国内森林植物检疫技术规程》的规定执行。

第十三条 林木种子、苗木和其他繁殖材料的繁育单位,必须有计划地建立无森检对象的种苗繁育基地、母树林基地。

禁止使用带有危险性森林病、虫的林木种子。苗术和其他繁殖材料育苗或者造林。

第十四条 应施检疫的森林植物及其产品运出发生疫情的县级行政区域之前以及调运林木种子、苗木和其他繁殖材料必须经过检疫,取得《植物检疫证书》。

《植物检疫证书》由省、自治区、直辖市森检机构按规定格式统一印制。

《植物检疫证书》按一车(即同一运输工具)一证核发。

第十五条 省际间调运应施检疫的森林植物及其产品,调入单位必须事先征得所在地的省、自治区、直辖市森检机构同意并向调出单位提出检疫要求;调出单位必须根据该检疫要求向所在地的省、自治区、直辖市森检机构或其委托的单位申请检疫。对调入的应施检疫的森林植物及其产品,调入单位所在地的省、自治区、直辖市的森检机构应当查验检疫证书,必要时可以复检。

检疫要求应当根据森检对象,补充森检对象的分布资料和危险性森林病、虫疫情数据提出。

第十六条 出口的应施检疫的森林植物及其产品,在省际间调运时应当按照本细则的规定实施检疫。

从国外进口的应施检疫的森林植物及其产品再次调运出省、自治区、直辖市时,存放时间在一个月以内的,可以凭原检疫单证发给《植物检疫证书》。不收检疫费,只收证书工本费;存放时间虽未超过一个月但存放地疫情比较严重、可能染疫的,应当按照本细则的规定实施检疫。

第十七条 调运检疫时,森检机构应当按照《国内森林植物检疫技术规程》的规定受理报检和实施检疫,根据当地疫情普查资料,产地检按价格证和现场检疫检验、室内检疫检验结果,确认是否带有森检对象。补充森检对象或者检疫要求中提出的危险性森林病、虫,对检疫合格的,发给《植物检疫证书》;对发现森检验对象、补充森检对象或者危险性森林病、虫的,发给《检疫处理通知单》,责令托运人在指定地点进行除害处理,合格后发给《植物检疫证书》对无法进行彻底除害处理的,应当停止调运,责令改变用途,控制使用或者就地销毁。

附录四 植物检疫条例实施细则(林业部分)

第十八条 森检机构从受理调运检疫申请之日起,应当于十五日内实施检疫并核发检疫单证。情况特殊的,经省、自治区、直辖市林业主管部门批准,可以延长十五日。

第十九条 调运检疫时,森检机构对可能被森检对象、补充森检对象或者检疫要求中的危险性森林病、虫污染的包装材料、运载工具、场地、仓库等也应实施检疫。如已被污染,托运人应按森检机构的要求进行除害处理。

因实施检疫发生的车船停留、货物搬运、开拆、取样、储存、消毒处理等费用,由托运人承担。复检时发现森检对象、补充森检对象或者检疫要求中的危险性森林病、虫的,除害处理费用由收货人承担。

第二十条 调运应施检疫的森林植物及其产品时,《植物检疫证书》(正本)应当交给交通运输部门或者邮政部门随货运寄,由收货人保存备查。

第二十一条 未取得《植物检疫证书》调运应施检疫的森林植物及其产品的,森检机构应当进行补检,在调运途中被发现的,向托运人收取补检费;在调入地被发现的,向收货人收取补检费。

第二十二条 对省际间发生的森检技术纠纷,由有关省、自治区、直辖市森检机构协商解决;协商解决不了的,报林业部指定的单位或者专家认定。

第二十三条 从国外引进林木种子、苗木和其他繁殖材料,引进单位或者个人应当向所在地的省、自治区、直辖市森检机构提出申请,填写《引进林木种子、苗木和其他繁殖材料检疫审批单》,办理引进检疫审批手续;国务院有关部门所属的在京单位从国外引进林木种子、苗木和其他繁殖材料时,应当向林业部森检管理机构或者其指定的森检单位申请办理检疫审批手续。引进后需要分散到省、自治区、直辖市种植的,应当在申请办理引种检疫审批手续前征得分散种植地所在省、自治区、直辖市林检机构的同意。

引进单位或者个人应当在有关的合同或者协议中订明审批的检疫要求。

森检机构应当在收到引进申请后三十日内按林业部有关规定进行审批。

第二十四条 从国外引进的林木种子、苗木和其他繁殖材料,有关单位或者个人应当按照审批机关确认的地点和措施进行种植。对可能潜伏有危险性森林病、虫的,一年生植物必须隔离试种一个生长周期,多年生植物至少隔离试种二年以上。经省、自治区、直辖市森检机构检疫,证明确实不带危险性森林病、虫的,方可分散种植。

第二十五条 对森检对象的研究,不得在该森检对象的非疫情发生区进行。因教学、科研需要在非疫情发生区进行时,属于林业部规定的森检对象须经林业部批准,属于省、自治区、直辖市规定的森检对象须经省、自治区、直辖市林业主管部门批准,并应采取严密措施防止扩散。

第二十六条 森检机构收取的检疫费只能用于宣传教育、业务培训、检疫工作补助、临时工工资,购置和维修检疫实验用品、通讯和仪器设备等森检事业,不得挪作他用。

第二十七条 按照《植物检疫条例》第十六条的规定,进行疫情调查和采取消灭措施所需的紧急防治费和补助费,由省、自治区,直辖市在每年的农村造林和林木保护补助费中安排。

第二十八条 各级林业主管部门应当根据森检工作的需要,

建设检疫检验室、除害处理设施、检疫隔离试种苗圃等设施。

第二十九条 有下列成绩之一的单位和个人,由人民政府或者林业主管部门给予奖励:

(一)与违反森检法规行为作斗争事迹突出的;

(二)在封锁、消灭森检对象工作中有显著成绩的;

(三)在森检技术研究和推广工作中获得重大成果或者显著效益的;

(四)防止危险性森林病、虫传播蔓延作出重要贡献的。

第三十条 有下列行为之一的,森检机构应当责令纠正,可以处以50元至2 000元罚款;造成损失的,应当责令赔偿;构成犯罪的,由司法机关依法追究刑事责任:

(一)未依照规定办理《植物检疫证书》或者在报检过程中弄虚作假的;

(二)伪造、涂改、买卖、转让植物检疫单证、印章、标志、封识的;

(三)未依照规定调运、隔离试种或者生产应施检疫的森林植物及其产品的;

(四)违反规定,擅自开拆森林植物及其产品的包装,调换森林植物及其产品,或者擅自改变森林植物及其产品的规定用途的;

(五)违反规定,引起疫情扩散的。

有前款第(一)、(二)、(三)、(四)项所列情形之一,尚不构成犯罪的,森检机构可以没收非法所得。

对违反规定调运的森林植物及其产品,森检机构有权予以封存、没收、销毁或者责令改变用途。销毁所需费用由责任人承担。

第三十一条 森检人员在工作中徇私舞弊、玩忽职守造成重大损失的,由其所在单位或者上级主管机关给予行政处分;构成犯罪的,由司法机关依法追究刑事责任。

第三十二条 当事人对森检机构的行政处罚决定不服的,可以自接到处罚通知书之日起十五日内,向作出行政处罚决定的森检机构的上级机构申请复议;对复议决定不服的,可以自接到复议决定书之日起十五日内向人民法院提起诉讼。当事人逾期不申请复议或者不起诉又不履行行政处罚决定的,森检机构可以申请人民法院强制执行或者依法强制执行。

第三十三条 本细则中规定的《植物检疫证书》、《产地检疫合格证》、《检疫处理通知单》、《森林植物检疫员证》和《引进林木种子、苗木和其他繁殖材料检疫审批单》等检疫单证的格式,由林业部制定。

第三十四条 本细则由林业部负责解释。

第三十五条 本细则自发布之日起施行。1984年9月17日林业部发布的《〈植物检疫条例〉实施细则(林业部分)》同时废止。

参考文献

陈慧玲,樊孝萍,谯四红,等.江汉平原楸树丰产栽培技术要点[J].湖北林业科技,2013(6):77～78.

陈机.植物发育解剖学(上册)[M].济南:山东大学出版社,1992.

陈机.植物发育解剖学(下册)[M].济南:山东大学出版社,1996.

陈家宽,杨继.植物进化生物学[M].武汉:武汉大学出版社,1994.

陈素传,汪小进,肖正东,等.楸树嫩枝扦插繁育试验.安徽农业科学,2008,36(18):7635～7636,7901.

陈维.楸树埋根、扦插、嫁接三种繁殖方法生长对比试验.安徽林业科技,2009,136(2):16～17.

陈维.楸树埋根扦插嫁接三种繁殖方法生长对比试验[J].安徽林业科技,2009(2)16～17.初桂红,刘明正.园林植物常见病虫害与防治[M].济南:山东电子音像出版社,2004.

段凤芝,楸树栽培[J].安徽林业,2004(1):16～17.

郭从俭,张新胜,张万钦.楸树速生丰产技术研究.河南林业科技,1996(1):8～15.

郭从俭主编.楸树栽培[M].北京:中国林业出版社,1988.

国家林业局.林木组织培养育苗技术规程[Z].2010.

韩恩贤《楸树育苗造林技术的研究》西北林学院学报 2002,17(1):19～23.河南省质量技术监督局.楸树嫁接育苗技术规程[Z].2013.

黄鹏.楸树速生丰产栽培技术规程[J].安徽农学通报,2008,14(19):149～151.

李爱敏.金丝楸全光照喷雾嫩枝扦插育苗技术[J].河南林业科技,2004,21(4):18～19.

李文强,姜岳忠,张明哲,等.砧木、接穗和嫁接方位对楸树嫁接苗生长的影响.山东林业科技,2013(2):66～68.

梁明武.楸树嫩枝扦插繁育技术研究[J].河北林业科技,2002,10(5):2～4.

梁有旺,杜旭华,王顺财,等.楸树嫩枝扦插生根的主要影响因子分析.植物资源与环境学报,2008,17(4):46～50.

梁有旺,彭方仁,王顺才.楸树嫩枝扦插试验初报[J].林业科技开发,2006,20(1):67～69.

刘春燕,吕启良,宋红梅.楸树的大苗培育及栽培养护技术.北方园艺,2008(3):149～150.

刘建中.楸树主要虫害及其防治[J].安徽林业科技,2006(1):23～24.

娄长城,张和臣.组培育苗技术为楸树良种产业化保驾护航[N].河南科技报,2020～04～10.

麻文俊,王军辉,张守攻,等.楸树无性系苗期年生长参数的分析[J].东北林业大学学报,2010,38(1):4～7.潘庆凯,康平生,郭明.楸树[M].北京:中国林业出版社,1991.

乔勇进,夏阳,梁慧敏试论楸树的生物生态学特性及发展前景防护林科技,2003.11(4):23～24.

秦维亮.北方园林植物病虫害防治手册[M].北京:中国林业出版社,2011.

《山东森林》编辑委员会.山东森林[M].北京:中国林业出版

社,1986.

山东省市场监督管理局.楸树育苗技术规程[Z].2018.《山东树木志》编写组.山东树木志[M].济南:山东科学技术出版社,1984.

仝伯强,赵永军,杨海平,等.我国北方楸树资源(Sect. Sinocatalpa)繁育技术研究进展[J].安徽农业科学,2019(14):1～3,17.

王良桂,杜旭华,王顺财,等.不同楸树品种(类型)嫩枝扦插生根能力及扦插繁殖技术[J].南京林业大学学报:自然科学版,2008,32(5):127～130.

王瑞福,赵颖,乔勇进.楸树的良种壮苗繁育技术探讨[J].内蒙古林业科技,2003(2):51～52.

王廷敞,冷国友.良种楸树自根苗是楸树发展的方向[J].安徽林业科技,2009(1)11～13.

王小艳,赵鲲,赵牧峰,等.楸树杂交育种初报[J].河南林业科技,2008(2):16～18.

王新建,张秋娟,祝亚军,等.楸树新品种及速生丰产技术研究的现状与展望[J].河南林业科技,2004,24(1):30～31.王泽民.加强森林病虫害防治的重要作用和意义[J].种子科技,2019(18):111,114.

魏珂.楸树育苗管理与病虫害防治[J].农业开发与装备,2020(02):167～168.

吴迎福.楸树的繁育与栽培[J].林业适用技术,2002(6):28～30.

习心军.楸树播种和嫁接育苗技术研究[J].农村经济与科技,2011,22(11):40～41.

徐炳悦,张国锋.山区梯田地边栽楸树经济效益调查[J].山东林业科技,1992(4):59～63.

徐秀琴,刘金亮.楸树造林技术[J].河北林业科技,2006(4):30～31.

许波涛,陈建森.楸树扦插繁育研究现状及生根机理.中国园艺文摘,2013(5):46,87.

张锦,罗宁,李同顺,等.楸树播种育苗技术[J].林业科技开发,2007(5):26～27.

张锦.楸树无性繁殖技术[J].林业科技开发,2002,16(4):35～37.

张新胜,郭从俭,张万勤,等.楸树幼林施肥效应及营养诊断模型的研究.河南农业大学学报,1996,30(4):376～382.

张义鹏,彭永波,肖有榜.速生楸嫁接育苗[J].中国林业,2007(15):33～34.

张振芬,张敦伦,李秀娣,等.楸树组织培养技术的试验研究.山东林业科技,1982(3):26～31.

赵辉.河南省标准:楸树栽培技术规程[S].郑州:河南省林业科学研究院,2010.

周蓉,谢焕松,刘鑫燕,等.楸树组培与快繁技术初探.安徽农业科学,2009,37(32):15715～15716,15794.

祝学范.楸树的栽培技术及发展前景[J].安徽科技,2007(8):16～18.